LES FLÉAUX

DE

L'AGRICULTURE,

Causes de la Disette des Viandes, toujours augmentant, et de la Disette des Blés, après une seule mauvaise récolte; et Moyens de remédier à l'une et à l'autre.

OUVRAGE

Pour servir à l'appui des Cahiers de Doléances des Campagnes.

10 Avril 1789.

AVERTISSEMENT.

L'OUVRAGE que nous adressons à la Nation assemblée, est le développement des doléances de toutes les paroisses des campagnes, singuliérement de la Brie, et des principales demandes formées par les cahiers des trois Ordres, dans presque tous les Bailliages du Royaume.

La dénonciation des abus, sur lesquels portent ces doléances, est faite, d'une voix unanime et sans concert, dans toutes les Provinces.

L'Auteur, invité par un grand nombre de Paroisses de se charger de ce développement, s'en est long-tems défendu, non par aucun respect humain, ni pour fuir la peine, mais parce que retiré du barreau, avancé en âge, et livré à la culture de sa terre, il desiroit qu'il se trouvât une plume meilleure que la sienne, pour remplir cette tâche, qui est du plus grand intérêt.

Après avoir attendu jusqu'au dernier moment, ne voyant rien paroître sur les fléaux de l'agriculture; et réfléchissant que ce travail ne pouvoit être entrepris par un simple cultivateur ignorant les loix et la jurisprudence, ni par un avocat ou un savant, ignorant les abus ; et qu'il falloit être ce qu'est l'auteur, ensemble, jurisconsulte et cultivateur-pratique, pour traiter cette matiere, il a mis la main à l'œuvre ; s'il ne se nomme pas, ce n'est pas qu'il pense avoir quelque chose à craindre : on doit être tranquille lorsqu'on ne dit que la vérité, et qu'en la disant on fait le bien de la chose publique ; c'est seulement parce qu'il n'a aucunes vues personnelles : il prie même ces concitoyens, pour le bonheur desquels il donneroit ce qui lui reste de vie, de ne lui faire aucun mérite de la sensibilité qu'il fait paroître en décrivant les infractions, les abus, les maux et les tyrannies qui ont écrasé l'agriculture, et fait tant de mal à l'Etat : si ses efforts sont utiles, s'il a réussi à contribuer au bien commun, il n'a fait qu'acquitter sa dette de citoyen.

LES FLÉAUX

DE L'AGRICULTURE.

Sᴀ Mᴀᴊᴇsᴛᴇ́, touchée des malheurs de son peuple, et n'écoutant plus que son cœur paternel, a enfin rompu les liens qui tenoient les cultivateurs dans la servitude et le silence; elle veut connoître d'où vient le mal qui les a accablés; elle veut, par une bonté, dont l'histoire ne fournit pas d'exemples, que le mal qui a ruiné les campagnes soit exposé aux yeux de la Nation assemblée, et que ce soit la Nation elle-même qui lui en indique le remede.

Affranchis des craintes de la vengeance des dépositaires de l'autorité royale, et obéissant au Roi même, qui a fait une loi à tous ses sujets de parler avec liberté, les cultivateurs ne craindront pas d'ouvrir le rideau, et de dire, en leur ame et conscience, d'où vient le défaut de ressources de la France, en elle-même, dans les moindres revers sur les récoltes, et d'où vient la diminution de l'espece dans les bestiaux destinés à la nourriture de l'homme ; ce qui fait le malheur des villes et la ruine des campagnes.

La disette des productions a trois causes principales, *l'excès de l'impôt*, *l'excès des dîmes*, et *l'excès du gibier*, par abus du droit de chasse, et nous y ajouterons la *privation du fel*, si nécessaire à la conservation des bestiaux, et sans lequel on ne peut en faire d'éleves ; *l'excès des pigeons*, *l'abus* et la *tyrannie des hautes-justices*, le *mal* qui résulte des *offices d'huissiers-priseurs-vendeurs* dans les campagnes, *l'exaction des rétributions* exigées par les curés, si richement payés par les dîmes. Les *vexations*, les *dangers* et *la surcharge* des *mendians*, qui remplissent les campagnes, et qu'il faut alimenter.

PREMIER FLÉAU
DE L'AGRICULTURE;

EXCÈS DE L'IMPÔT, PRIVATION DES COMMUNES, ET PRIVATION DU SEL.

TOUTE la France se plaint, toute la nation réclame contre l'excès de l'impôt ; mais le cultivateur seul a vu comment l'impôt s'est accrû sur la production du sol au point où il est, et peut seul faire connoître les affreuses conséquences qui en résultent.

L'amour patriotique, inné dans le Français, a fait faire à nos ancêtres les plus grands sacrifices pour encourager le cultivateur et multiplier les productions du sol. Pénétrés de cette grande vérité, qu'on a presqu'étouffée de nos jours, qu'il n'est possible d'augmenter les richesses de l'Etat qu'en augmentant celles des campagnes, ils ont pensé qu'il falloit faire marcher, du même pas, la culture des terres et la multiplication des bestiaux : en effet, point de culture sans engrais, point d'engrais sans bestiaux ; et sans bestiaux, point de viande pour la nourriture de l'homme.

Dans cette vue patriotique et de la plus profonde sagesse, nos peres ont pourvu, en se dépouillant de leur propre bien, à tout ce qui est nécessaire pour étendre les productions des grains et des bestiaux. Ils ont donné des bois pour le chauffage et l'entretien des maisons, et pour fournir les charrues, charrettes et autres ustensiles aratoires ; et ils ont donné des landes, des bruyeres, des prairies pour élever et nourrir les bestiaux. Ces dons, connus sous les titres de *communes*, *commu-naux* et d'*usages*, ont été conservés et rendus imprescriptibles et inaliénables par toutes les loix du royaume.

Tel a été l'état de la France jusqu'au milieu de ce siecle. Aussi jusques-là, quelle abondance ! le pain à six liards la livre ; le bœuf et autres viandes à cinq, six et sept sols ; les ouvriers, occupés dans tous les arts, gagnant moitié moins qu'aujourd'hui et ne manquant de rien ; les étoffes et toutes les productions du commerce à un prix qui les mettoit à portée de tous les états : nous causions alors la jalousie de nos voisins, et nous sommes en ce moment l'objet de leur dérision et de leur pitié.

Mais l'impôt sur les campagnes étoit proportionné aux fermages des terres et aux prix des denrées, et l'impôt est devenu l'unique moyen des ministres pour accroître les revenus du Roi. Si les ministres eussent laissé les choses dans leur état, l'accroissement de l'impôt auroit été impossible, parce qu'il doit avoir une proportion avec le produit des fermages et le prix des ventes : pour augmenter l'impôt, il falloit donc nécessairement faire augmenter le prix des fermages du sol par une augmentation du prix de ses productions.

Il ne conviendroit pas à des cultivateurs de vouloir pénétrer les moyens employés pour occasionner la cherté subite des grains, au moment de la plus grande abondance, et la soutenir pendant plus de dix années; mais il leur est permis d'en rappeler les tristes conséquences, puisqu'ils en sont les victimes.

La cherté des grains, au milieu de l'abondance des récoltes, a été une magie dont le poison n'a pu d'abord être senti que dans le commerce, par la nécessité où le fabriquant s'est vu d'augmenter le salaire des ouvriers : les riches et nobles possesseurs des terres, les ecclésiastiques-propriétaires, les curés-décimateurs, les cultivateurs, eux-mêmes, ont applaudi au ministere, et ont regardé comme une nouvelle vie donnée à la France, ce qui lui a causé la mort; chacun ne considérant que soi, ne calculant que pour soi, ne rapprochant point les parties du tout, a cru voir son patrimoine doublé et sa richesse assurée. Cette magie honteuse, combinée dans le cabinet ministériel, et assurée de l'applaudissement de la noblesse, de tous les propriétaires de terres, de tous les curés des campagnes et des cultivateurs, a été nourrie et soutenue par les moyens les plus artificieux. On a vu un ministre, chargé spécialement de *l'encouragement de l'agriculture*, et disposant des millions pour arriver au but : on a vu des académies formées, des sociétés d'écrivains gagés, des prix proposés, des récompenses et des marques d'honneur prodiguées, pour fixer la richesse et le bonheur de la France à la multiplication des grains : on a vu ces corps académiques et ces plumes mercénaires traiter de folie les sacrifices faits par nos ancêtres, conseiller le défrichement des bruyeres, des landes et de toutes les communes ; instrumens du ministre, qui dictoit et payoit, ils ne faisoient que préparer la voie aux ordonnances et réglemens qui devoient faire une loi du défrichement des biens les plus salutaires du royaume.

On a vu ces loix désastreuses, ordonner le défrichement des landes, bruyeres et communes ; les donner au premier occupant, et les affranchir de tout impôt, même de dimes, pendant quinze années, pour augmenter l'intérêt des défrichemens.

On a vu les parlemens, composés de nobles, seigneurs de fiefs, applaudir à ces loix,
les enregistrer et en faire des loix d'Etat. S'ils
ont fait quelques réserves, c'est encore en
faveur des nobles, en préservant de l'irrup-
tion les terreins vains et vagues, enclavés dans
les fiefs, comme appartenans aux seigneurs.

Enfin, on a vu les malheureux cultivateurs
séduits et aveuglés par le prix des blés, se
porter eux-mêmes, avec fureur, aux défrichemens, les étendre jusques sur les prairies,
abandonner l'éleve et l'engrais des bestiaux ;
réduire, en un mot, toute l'agriculture à se
procurer des blés.

Delà, l'augmentation des prix des fermes
doublés et triplés pendant la cherté des grains.

Delà, l'augmentation des impôts mesurés
sur le prix des baux à ferme ; et pour les
assurrer contre le retour de l'abondance et
la diminution du prix des grains, le ministre
a fait faire un simulacre de cadastre, où le
prix des terres est fixé d'après le prix des
baux, et sur les propres déclarations des
fermiers ; ce qui sert de rempart contre les
plaintes des impositions des tailles et vingtiemes.

Les moyens employés pour maintenir les grains à haut prix coûtoient trop à l'Etat pour n'avoir point de terme. Le terme étoit de parvenir à l'impôt qu'on desiroit sur les terres : le but rempli, la manœuvre a cessé, et les grains ont repris leur cours dans les marchés, suivant le cours des récoltes ; mais qu'est-il résulté de ce cruel systéme ?

1°. Le prix des grains tombé, les augmentations sur les fermes, et les impôts sont restés.

2°. Les communes, bruyeres, landes et terres incultes défrichées, le cultivateur a perdu la ressource des éleves des bestiaux, et le citoyen la ressource de l'aliment des viandes, qui, par leur cherté, sont réservées aux riches, et dont la rareté ne peut que s'accroître.

3°. La production des blés, qui devoit augmenter par les défrichemens, a diminué par le défaut d'engrais, suite nécessaire du défaut d'éleve de bestiaux.

4°. Et le comble des malheureuses conséquences du système, le blé retombé à bas prix. Il n'est point de récoltes, quelqu'abondantes qu'elles soient, qui puissent remplir les dépenses de culture , avec le montant des fermages et des impôts. Delà , la nécessité où est le cultivateur de se défaire de ses productions aussi - tôt après les récoltes ; on l'a vu dans ces années dernieres, où il y avoit abondance , aussi empressé de vendre ses blés à 12 , 13 et 14 livres le septier, qu'il l'est aujourd'hui qu'il y a disette et qu'il vaut 40 livres , parce que dans un tems comme dans l'autre , il lui est impossible de suffire à ses dépenses : delà , nulle réserve possible des productions d'une année sur l'autre ; et nulle ressource pour l'Etat , dans une malheureuse récolte.

Que les habitans des villes demandent maintenant comment il est possible que pour une mauvaise récolte la France entiere , déja dans la disette des viandes , se trouve encore exposée à manquer de pain ? Le cultivateur , autorisé à parler librement , leur dit aujourd'hui : lisez , et jugez ; voilà des faits exacts. La vérité en est connue de tous les citoyens ; et puisqu'il est vrai que le mal vous frappe autant que nous , joignez - vous à nous , auprès des députés de la nation, pour que la nation assemblée fasse de nouvelles loix, qui , régénérant l'agriculture, remettent les cultivateurs en état de faire renaître l'abondance. Les moyens sont simples.

M o y e n s pour réparer la Disette des Viandes, et se mettre à l'abri de la Disette des Blés, après une mauvaise récolte.

Ces moyens sont 1°. de bien comprendre le motif des libéralités de nos ancêtres, et de réparer l'injure faite à leur mémoire, en employant leurs bienfaits suivant leur destination.

2°. C'est de rendre à l'agriculture les bois, les landes, les bruyeres et les communes données aux cultivateurs pour fournir à leurs besoins ; diminuer leurs dépenses, et les mettre en état de procurer en même-tems l'abondance des grains et des bestiaux.

3°. C'est de donner aux cultivateurs la facilité d'user du sel, en le rendant libre ou le mettant à bas prix ; sans cet aliment, l'éleve de bestiaux est encore impossible : on peut s'en convaincre, en réfléchissant qu'il ne se fait des éleves que dans les provinces où il n'y a point de gabelles ; on peut encore en prendre une idée, en remarquant l'avidité de tous les animaux à lecher, à mordre, à bec-queter les murs où il se trouve du salpêtre : le sel est de premiere nécessité autant pour les animaux que pour l'homme ; il est l'uni-que remede dans les épidémies, et il en est le préservatif.

4°. Enfin, c'est de diminuer les impôts qui frappent sur les *cultivateurs* personnellement, et de supprimer entiérement celui de l'*indus-trie*, celui des *habitations*, celui des *corvées*, et tous ceux qui portent sur les *vaches*, les *moutons*, les *porcs*, les *colombiers*, et jusques sur les *mouches*, dont l'odieux impôt a rendu les productions de miel et de cire si rares, qu'il les fera bientôt disparoître de la France.

Que les personnes, qui reprochent au mi-nistere le défaut de magasins, et qui rappor-tent à ce défaut la disette que nous éprouvons, apprennent que les seuls magasins possibles en France, sont les greniers des cultivateurs : il est bien étonnant d'entendre ce reproche même de la part des hommes, qui se piquent de sagesse et d'instruction : s'ils se donnoient

la peine de calculer la consommation séule-
ment d'un jour, qui leur auroit donné celle
d'un mois, d'un an, ils reconnoîtroient que
les magasins ne peuvent convenir que dans une
petite population et non à la France, que
l'on prétend contenir vingt - six millions de
bouches; faisons ici ce calcul.

Un septier de bled de Paris donne 200 liv.
de pain blanc. Et nous fixerons une livre et
demie à chaque homme par jour.

Nous savons que les riches, qui ont de
bons alimens, ne consomment pas une livre
et demie de pain, mais c'est la plus petite
classe; tout le monde sait aussi que la classe
la plus nombreuse, les jeunes gens, les ouvriers; tous les hommes de peine, les gens de
campagne, sur-tout, qui ne mangent que du
pain, en consomment deux livres et demie,
et même trois livres.

Calculant sur une livre et demie par jour,
pour chaque individu, on trouvera *sept mille
cinq cent septiers* pour un million, et *cent
quatre-vingt-quinze mille*, pour vingt-six millions *par jour*, ce qui donne, pour la provision d'un seul mois, *cinq millions trois cents
cinquante mille septiers.*

Qu'on

Qu'on se donne la peine de réfléchir ensuite sur les accidens de vermine , de cha-
ransons et de mauvaise odeur , auxquels les
blés sont sujets , et qui nécessitent du travail et des soins. Que l'on sache que les blés
ne peuvent se conserver en monceaux , qu'il
faut les étendre pour qu'ils ne s'échauffent
pas , qu'il faut les remuer à la pelle en les
jetant d'un bout du grenier à l'autre, et qu'il
faut, pour ce travail , que le grenier ait un
emplacement au moins du double de l'emplacement qu'occupe le blé , alors on verra
que réunissant *dix mille septiers de blé* dans
un magasin de réserve, ce qui est impossible ,
quelque vaste qu'on fasse le magasin ; il faudroit *cinq cents trente-cinq* magasins de cette
espece , pour la provision d'*un seul mois* en
France ; mais que la Nation assemblée ré-
prime l'excès de l'impôt, qu'elle remette les
communes dans leur ancien état, et qu'elle
donne la facilité de l'usage du sel , les cultivateurs , aujourd'hui bornés aux productions
des grains par la privation des communes et
du sel , auront la double ressource de la récolte des grains et des éleves de bestiaux ; si
l'une manque l'autre réussira ; et réunissant

ces deux ressources , ils procureront l'abondance des viandes par les éleves de bestiaux ,
et l'abondance des grains par les engrais pro-
venant des éleves : alors dégagés de l'inquisition du fisc , sur ce qu'ils font dans l'intérieur de leurs basses-cours ; moins chargés
d'impôts , et donnant à leur industrie , rendue
libre , toute son activité , les cultivateurs
multiplieront leurs productions de toute espece , en multipliant leurs bénéfices : devenus
aisés , ils pourront garder leurs blés , lorf-
que l'abondance les fait tomber à trop bas
prix , et leurs greniers deviendront autant de
magasins , où le blé, bien travaillé, bien conservé , formera une abondante provision, qui
réparera les malheurs d'une mauvaise récolte.

SECOND FLÉAU
DE L'AGRICULTURE;
EXCÈS DES DIMES.

ON distingue deux classes de dimes, les
solites et les *insolites.*

Cette distinction annonce que les dimes
ont deux sources différentes, l'une de droit,
l'autre de fait.

Les dîmes de *droit*, appelées *solites*, sont celles des quatre blés, le *froment*, le *seigle*, l'*orge* et l'*avoine*, ou ce qui en tient lieu dans les terreins qui n'en produisent pas, tels que dans certains cantons de la basse-Normandie, la Bretagne et autres, le *sarrazin*, qui fait la nourriture de l'homme ; et dans les pays vignobles, *le vin* qui est la principale production.

Les dîmes *de fait*, appelées *insolites*, sont celles qui se perçoivent sur les autres productions, et qui sont étendues non-seulement sur tout ce qui se récolte pour la vie de l'homme et des animaux dans les champs, mais encore sur les animaux mêmes dans les basses - cours.

Les premieres, établies par la loi, sont dues aux curés, en vertu de leur titre seul de curés; la religion les a exigées pour fournir à leur subsistance, et c'est la Nation elle-même qui s'en est imposé la dette : personne ne peut se soustraire à la dîme solite ; le curé ne peut jamais la perdre ; il n'y a ni convention, ni traité, ni laps de tems qui puissent en affranchir le décimable ; elle est inaliénable et imprescriptible. C'est une dette sacrée.

Il n'en est pas de même des dîmes insolites, n'ayant d'autre origine que le fait, elles pourroient se perdre comme elles ont pu s'acquérir ; elles n'ont d'autres regles que la possession existante dans le lieu : delà, ces différences bisarres dans les dîmes insolites ; ce qui est admis dans un parlement, est défendu dans un autre ; chaque province, chaque village a ses usages particuliers ; et si le village est composé de plusieurs hameaux , tel hameau paie ce qu'un autre refuse. Heureux les villages et les provinces où les lumieres et la fermeté se sont rencontrées, pour mettre des bornes à la cupidité des décimateurs ; il en est encore qui se maintiennent dans l'affranchissement de la dîme, les uns sur les trefles, les luzernes, les chanvres ; d'autres sur les pois, les haricots, les pommes de terre.... ; d'autres sur les productions des basses-cours, etc...

Mais qu'il est difficile d'échapper à l'empire des curés de campagne ! Habiles à s'immiscer dans toutes les affaires de leurs paroissiens ; conseils et médiateurs nécessaires de leurs intérêts ; directeurs de leurs consciences ; dispensateurs des aumônes et de

toutes les graces spirituelles et temporelles ;
et toujours couverts et armés de la protection des puissances ecclésiastiques et civiles ;
comment des paysans sans instruction , qui ne
connoissent que le travail , et naturellement
soumis et respectueux vis-à-vis de leurs pasteurs,
auroient-ils pu leur refuser des tributs demandés
comme dus à Dieu , et sous la peine de perdre
l'ame ? S'il s'est trouvé dans quelque paroisse un cultivateur assez instruit pour résister
à l'abus , il a été subjugué par la soumission
des autres. L'autorité des tribunaux , dont la
regle est de réduire chaque lieu à l'uniformité , acheve par le droit , ce que l'artifice
a commencé par le fait.

Les tribunaux accordant tout à la simple
possession , contre le vœu de la Nation qui
a limité son sacrifice , en faisant la loi des
dîmes , et contre les ordonnances de nos
Rois qui défendent de les étendre ; le malheureux cultivateur a été livré et abandonné
à l'intrigue, à la séduction , aux haines et aux
vengeances personnelles et héréditaires des
pasteurs.

Aussi rien n'a échappé au fléau de la dîme
insolite ; tout ce qui se récolte sur la terre ,

et tout ce que l'industrie produit dans les basses-cours y est asservi ; ce fléau se redouble même sur chaque objet.

La loi positive et la jurisprudence de tous les parlemens du royaume affranchissent les foins du tribut de la dîme , par la raison que le foin est la nourriture de tous les animaux qui font le travail , et procurent les engrais nécessaires pour les productions qui paient la dîme. Mais on sait qu'il est indispensable de retourner les prés et de les mettre en culture pour en renouveler les herbes. On sait encore que la magie ministerielle , pour augmenter l'impôt , a conduit le cultivateur à retourner la plus grande partie des prés pour y substituer des grains , dont les récoltes sont abondantes dans les terreins neufs ; par-là les terreins en prés ont perdu leurs franchises , et la dîme s'est accrue.

Les foins naturels se détruisant, il falloit y suppléer par des foins artificiels. On a introduit les luzernes , les trefles et les sainfoins.

Comme productions nouvellement introduites, ces foins artificiels ne devoient point de dîme ; ils ne pouvoient y être asservis que par l'usurpation des curés, que par une dîme insolite.

Comme subrogés aux foins naturels, qui sont exempts de dîme, les foins artificiels devoient jouir de la franchise suivant la maxime de droit, *subrogatum sapit naturam subrogati.*

Enfin, comme étant la nourriture des chevaux et bœufs qui labourent et fournissent les engrais, ils ne doivent point de dîme, parce que ce tribut étant payé sur le travail de ces animaux, elle est payée deux fois en la prenant encore sur leur nourriture.

Mais les curés ont prétendu que si les foins des prés étoient affranchis de dîme, c'est qu'ils sont une production naturelle ; et que les trefles, les luzernes et les sainfoins, étant le fruit du labour et de la semence, devoient dîme comme tous les grains labourés et semés ; système absurde, qui a servi de principe pour assujettir à la dîme tout ce qui se laboure et se seme : comme si c'étoit la terre ou l'homme ou les bestiaux qui dussent la dîme, et non pas les productions du sol ; comme si les trefles, les luzernes et les sainfoins, remplaçant les prés, ne devoient pas jouir de leur franchise ; comme si le motif de l'affranchissement de dîme sur les prés n'étoit pas la nécessité du foin pour la nourriture des bestiaux qui, par le labour et les engrais, procurent les productions qui paient la dîme , et qui la paieroient deux fois étant encore payée sur leur nourriture ; comme si enfin la franchise sur la nourriture des bestiaux , dictée par la raison, n'étoit pas appuyée par la loi positive, faite par la Nation , qui interdit les dîmes sur les foins , et sur la loi de Dieu même , écrite dans nos Livres saints , qui défend de lier la bouche du bœuf qui laboure.

Cependant singuliérement les trefles , les luzernes et les sainfoins paient la dîme , il n'y a que peu de villages qui s'en soient préservés ; et l'on doit dire à la louange des Cours , que fideiles au principe qu'elles se sont fait de prendre pour regle les possessions acquises par les curés , elles ont protégé les cultivateurs qui ont eu l'esprit de s'y opposer. Le grand-conseil même , que l'on dit si favorable au clergé, a débouté , par arrêt du 4 décembre 1756, les prêtres de l'Oratoire, *prieurs* et *décimateurs de Thoiry* de leur demande en paiement de la *dîme des luzernes , bourgognes , nouveaux prés et sainfoins , monobstant que cette dîme leur eût été payée pendant quelques années , et que les* décimateurs *offrissent de prouver , que dans les lieux circonvoisins , notamment dans les paroisses de Marcvilliers , Antouillet et Beine , ils étoient dans l'usage de percevoir la dîme sur les nouveaux prés, bourgognes et luzernes semées sur des terres auparavant labourables ;* mais ce n'est que le petit nombre qui a échappé à l'usurpation, ce n'est plus qu'une exception.

Il en est de même à l'égard des animaux produits par le travail et l'industrie du cultivateur. On ne peut élever et nourrir les porcs, les agneaux et les volailles qu'avec les grains , les foins et les pailles qui ont subi le tribut de la dîme , et ces animaux eux-mêmes y sont assujettis. Elle se paie sur les porcs, les agneaux, les laines , les oies , les canards et sur toutes les productions de la basse-cour.

L'homme n'est pas plus respecté que ses animaux ; lui, dont le travail tire les fruits de la terre ; lui, qui a payé la dîme de ses sueurs , en procurant les grains qui acquitent ce tribut; lui, qui l'a déja payée sur le pain qu'il mange, et sur le vin qu'il boit , la paie encore sur tout ce qu'il cultive pour sa nourriture et son vêtement : récolte-t-il des chanvres pour se faire du linge , et tond-il ses moutons pour se faire un habit, la dîme en est payée ; seme-t-il des pois, des feves, des lentilles, des haricots, des pommes de terre pour se nourrir lui et ses coopérateurs de peine ; la dîme le suit, il faut qu'il la paie.

Le trouble qui, nécessairement, accompagne la perception de cet immense detail d'objets de dîme, et l'exercice de ce droit odieux, qui, pour s'étendre, n'a besoin que de la possession, aggrave encore la charge, et acheve de la rendre insupportable.

Suivez les curés dans les champs pendant les récoltes, vous les verrez, eux et leurs calvaniers, accompagner les pas des moissonneurs, compter et peser les gerbes ; soupçonner injurieusement la fidélité du cultivateur qui fuit, qui se rend étranger à la dîme, en s'abandonnant à la discrétion de ses ouvriers ; vous les verrez s'opposer à l'enlevement des grains restant au cultivateur, jusqu'à ce qu'il leur ait plû d'enlever leurs dimes, et l'on sait qu'un instant décide du sort des récoltes ; vous les verrez se plaindre que l'on moissonne trop tôt ou trop tard, exiger qu'on avance ou qu'on retarde, et pré-

-tendre régler le sort des moissons sur leur intérêt ou leur commodité.

Suivez-les ensuite dans l'intérieur des maisons, vous gémirez de voir que le cultivateur soit le seul homme dont l'habitation ne soit pas respectée ; vous y verrez les curés et leurs valets maîtres de se faire ouvrir quand bon leur semble, parcourir les jardins et les basses-cours, fouiller les bergeries, les toits à porcs, les poulailliers, compter et faire inventaire de tout ce qui est sujet à la dîme ; vous les verrez toujours soupçonnant qu'on les trompe ; toujours mécontens au moment du paiement ; toujours se plaignant sur le nombre, sur l'âge, sur les qualités des parts qui leur reviennent ; et delà des combats et des querelles, d'où résulte cette multitude de procés, qui enlevent le cultivateur à l'agriculture, qui le ruinent et font le scandale des tribunaux.

Après cela, sera-t-on étonné de ne plus voir de chanvre cultivé dans les champs, et qu'on ait perdu jusqu'à l'idée d'élever des agneaux, des porcs, et tant d'autres objets de consommation, dont la privation fait un si grand mal à la société ; sera-t-on étonné

Pourquoi toutes les productions possibles de la terre et toutes les productions du travail et de l'industrie de l'homme dans les basses-cours sont-elles asservies au tribut de la dîme? Pourquoi ce tribut se leve-t-il même doublement sur le travail et la nourriture des animaux et sur les animaux mêmes ; et sur le travail du cultivateur, sur le pain qu'il mange, sur le vin qu'il boit, et sur tout ce qu'il cultive et récolte pour sa nourriture et son vêtement?

Qu'on ne nous cite pas les conciles antétieurs et postérieurs aux loix nationales qui ont ordonné une partie de ces dîmes révoltantes. Les conciles n'ont aucune autorité sur le temporel des Etats : en matiere de foi, c'est l'Esprit-saint qui parle ; en matiere d'intérêt, c'est la chair, c'est l'homme. Nous nous soumettrons toujours aux conciles pour le dogme; mais nous ne connoîtrons jamais, en matiere de police, d'administration et de tribut, que les loix faites par la Nation et par les ordonnances de nos Rois.

Les dimes des blés étant les seules *solites* en France, il est donc vrai que nos peres les ont jugées suffisantes pour la subsistance des curés, et que l'Eglise les a reconnues également suffisantes en s'en contentant : il donc vrai que ces dîmes sont les seules autorisées par la Nation , les seules légales.

Si les dîmes des autres productions de la terre et des autres productions des basses-cours eussent été jugées nécessaires à la subsistance des curés , elles auroient été ordonnées par des loix nationales , ou des ordonnances du royaume , comme celles des blés ; on ne verroit pas toutes ces bisarreries, qui rappellent sans cesse le vice , qui a donné l'être aux dimes insolites : on ne verroit pas un parlement défendre ce qu'un autre parlement autorise ; une province tributaire de telle ou telle dîme , et une autre exempte ; un village asservi , et le village voisin libre ; un hameau, même, payer ce qu'un autre hameau du même village refuse ; en un mot, ces dimes seroient frappées du même caractere que les dimes des blés ; le curé n'auroit pas besoin d'établir une preuve de possession pour en acquérir le droit ; elles lui seroient dues comme celles des blés , en vertu de son titre de curé ; il en jouiroit comme d'un patrimoin ecurial , et jamais il ne pourroit les perdre ; ayant le caractere légal , elles seroient universelles , inaliénables et imprescriptibles.

La distinction de ces deux especes de dîmes, par leurs dénominations différentes de *solites* ou d'*insolites*, apprend donc aux moins instruits, et prouvera donc à jamais que les dîmes solites, établies par la loi, sont justes et nécessaires ; et que les dimes *insolites*, n'ayant d'autre origine que l'usurpation et le fait des curés, sont injustes et superflues.

L'intérêt de l'Eglise et l'honneur du sacerdoce s'élevent aussi contre les dîmes insolites. Ces dimes sont la cause de l'extinction presqu'entiere de toute religion dans la plupart des villages, ce qui produit tant de mauvais sujets, qui se répandent dans les campagnes, et viennent désoler les villes.

L'Eglise en demandant la dîme aux Chrétiens, a eu pour motif de procurer aux pasteurs leur subsistance, pour qu'ils puissent vaquer à l'instruction des peuples, et au salut des ames, sans être détournés par la nécessité de gagner leur vie par le travail et le commerce ; c'est pour remplir cet objet que la Nation Française s'est imposée, par une loi générale du neuvieme siecle, le tribut de la dime des blés, et qu'elle en a fait une dette universelle dans le royaume.

Tant

(33)

Tant que les curés se sont contentés de ce tribut, ils se sont occupés, en effet, aux fonctions qui leur sont prescrites par l'Eglise ; le peuple a été instruit, la religion s'est soutenue, et les campagnes ont été l'asyle de la paix et de l'innocence. Mais que ces tems sont changés !

L'ignorance et la simplicité des gens de la campagne a pu exciter d'abord la cupidité de quelques curés. Les loix canoniques, qui mettent sous la sauve - garde du bénéficier le domaine du bénéfice, a été pour les successeurs, un commandement de conserver ce qui avoit été acquis à leur cure par leurs prédécesseurs ; et ainsi, l'exemple entraînant les autres, prenant toujours et ne restituant jamais, l'usurpation a tout asservi à la dîme.

Tout s'est élevé pour écraser le malheureux cultivateur ; rien pour sa défense. Des jurisconsultes accrédités ont favorisé le système d'usurpation des curés, et ont entraîné les cours dans l'erreur ; appliquant aux dîmes les maximes du droit civil, qui mettent la prescription au nombre des moyens d'acquérir ; ils ont établi, comme principe, qu'il suffisoit aux curés de prouver une possession de dime pour y être maintenus ; et c'est sur ce principe que les cours ont légitimé toutes les conquêtes de dîmes, faites par les curés.

Ainsi, le malheureux cultivateur est resté abandonné comme une proie dévolue à la cupidité des curés.

Ainsi, les dîmes insolites ont été regardées comme un jeu établi entre les curés et les cultivateurs, où les uns peuvent tout acquérir, les autres tout perdre, et où les joueurs, pour s'enrichir aux dépens des autres, n'ont besoin que de ruse.

Ainsi, les dîmes fixées, par la Nation, aux blés, et qui sont un sacrifice volontaire fait à la religion, ont été étendues sur toutes les productions de la terre et de l'industrie, à la volonté des curés, contre la volonté de la Nation.

Cependant, malgré l'abandon et le mépris, où ont toujours été les cultivateurs, malgré l'injure qu'on leur a faite, et dont on rougit aujourd'hui de les avoir traité comme des hommes vils, qui ne faisoient pas partie de l'ordre social ; et malgré qu'on les ait privés de représentans à tous les États tenus en France, il ne faut pas croire que la

Nation ait vu avec indifférence les extensions de dîmes ; elle s'est élevée contre l'usurpation des curés, toutes les fois que l'intérêt de l'agri-culture a pu être agité. Nous avons une ordon-nance de 1303, appelée la Philippine, qui *dé-fend d'exiger la dîme d'autres fruits* que de ceux desquels *on a accoutumé, en chaque endroit, de la payer, et à une quotité plus forte.....* une autre ordonnance, rédigée aux Etats de Blois, en 1579, qui, par l'article 50, or-donne que *les dîmes se leveront selon les cou-tumes des lieux, et la quotité accoutumé en iceux ;* et l'édit de Melun, qui ordonne, par l'article 29, que, *où ci-après sera mû aucun procès pour raison de la quote desdites dîmes ; voulons iceux être jugés suivant les coutumes anciennes des lieux.*

La volonté de la Nation a donc été cons-tamment de s'en tenir au sacrifice qu'elle a fait par la loi d'établissement des dîmes, et de s'opposer à toute extension.

Eh bien ! le croira-t-on, à force de subti-lités et d'intrigues, le clergé est parvenu à établir, comme une vérité de droit, que ces ordonnances les autorisent à s'approprier, sur les cultivateurs, tout ce qu'ils peuvent prendre ;

et que dès qu'ils ont la possession de ce qu'ils ont pris, ils ne peuvent être forcés de rendre. Système étrange qui a induit nos sages magistrats en erreur. La possession fait la regle des arrêts en matiere de dîme.

C'est-à-dire que les loix faites pour mettre des bornes à l'usurpation du clergé, sont exécutées dans leur sens contraire.

C'est-à-dire que les ordonnances, en prescrivant aux décimateurs de se conformer à la loi primitive, qui a fixé les dîmes aux dîmes solites, ont prononcé la destruction de cette loi, les ont autorisé à étendre les dîmes.

C'est-à-dire, en un mot, que la prétention du clergé et le sentiment des tribunaux qui l'ont consacrée, sont que les ordonnances de 1303, de 1579 et de 1580, qui défendent d'exiger la dîme, *d'autres fruits que de ceux desquels on a accoutumé en chaque endroit de la payer* ..... *de l'exiger autrement que suivant l'usage* ..... *que suivant la coutume ancienne*, sont des titres en faveur des curés, pour changer à leur gré les coutumes des dîmes, pour créer de nouvelles dîmes, pour conquérir, sur les cultivateurs, tout ce que la séduction, la ruse et l'empire du sacerdoce peuvent leur arracher.

Aussi quel changement le fléau des dîmes a causé! quel malheur pour l'agriculture! quel scandale pour l'Eglise!

D'un côté, les cultivateurs, ces hommes si précieux, abandonnés de tout le monde, abandonnés même de la justice, ont été écrasés sous la masse des dîmes insolites, obligés de la payer de tout ce qu'ils tirent de la terre et de leur industrie dans les basses-cours, obligés même de redoubler ce cruel tribut sur tout ce qu'ils récoltent pour leur nourriture et celles des chevaux qui labourent et des animaux qu'ils élevent, ont cessé de cultiver des chanvres et d'élever des porcs, des agneaux, des oyes, des canards, et tant d'autres objets de consommation; ce qui fait une des causes de la ruine du cultivateur, et prive les citoyens d'une partie des ressources nécessaires à la vie.

Les curés, de leur côté, ces ministres des autels, si précieux à la Religion, et si chéris de leurs paroissiens, lorsqu'ils remplissent les saints devoirs du sacerdoce, ne sont plus que des concurrens de commerce, détestés de ceux dont ils enlevent les profits, et scandaleux à l'Eglise.

Nous devons faire ici l'observation, que nous n'entendons pas confondre tous les curés des campagnes ; il en est encore heureusement qui par l'exactitude de leur conduite, leurs instructions et leurs exemples de charité, accomplissent les préceptes de l'Evangile et les font aimer. Il en est qui gémissent hautement de leurs injustes possessions des dîmes, et qui, par le bon usage qu'ils en font, en feroient oublier l'injustice aux cultivateurs, s'ils pouvoient en supporter la charge ; nous ajouterons même que nous sommes instruits, qu'il en est parmi eux qui se sont liés pour supplier la Nation de décharger leurs consciences du fardeau des dîmes, et les convertir toutes en une redevance en argent. Non, il ne faut pas confondre ces prêtres respectables avec ceux qu'un vil intérêt aveugle, nous ne parlerons que de ceux qui abandonnent leurs fonctions de pasteurs des ames, pour se livrer au négoce, et tirer tous les profits que leur offrent les dîmes insolites ; ceux-ci ne sont que des marchands.

L'immense détail, et la nature des dîmes insolites que ces curés tirent des productions de la terre et des basses - cours, les livre, comme malgré eux, au commerce ; ils ont même des vaches, des porcs d'éleve, des poules, et toutes sortes de volailles. Ils font valoir, par eux-mêmes, les terres du domaine de leur cure ; ils prennent à ferme les terres de leur fabrique, souvent d'autres terres ; le presbitere, qui doit être un lieu de paix, de retraite et de charité, est une métairie, où l'on ne voit que l'avidité du travail, la passion du gain, l'agitation et le trouble de l'intérêt. Conducteurs sacrés, leurs noms ne paroissoient qu'avec distinction sur les rôles de l'impôt et de la servitude, et ils y sont confondus avec tous les paysans sujets à la taille et à toutes les charges du cultivateur. Leur habit seul les faisoit respecter, mais il les forçoit à se respecter eux-mêmes ; ils le quittent, hors les Dimanches et les Fêtes, et se couvrent de la livrée des laboureurs, pour courir, avec plus de liberté, les foires et les marchés : ils devroient instruire le peuple dans la loi de Dieu, qui commande la bonne-foi, l'amour du prochain, le pardon des injures ; et ils ne donnent plus que des leçons d'industrie, que des exemples de ruses, de chicannes et de vengeances. En un mot, ces curés devroient être l'édification du peuple, ils en sont le scandale.

Il est donc vrai, et malheureusement trop vrai, que l'intérêt de la religion et l'honneur du sacerdoce se réunissent à l'intérêt de l'agriculture et au bien de la chose commune de l'Etat et des Citoyens, pour demander l'extinction des dîmes insolites.

Le clergé ne manquera pas d'opposer, ce qu'il a toujours dit, que les dîmes solites, réduites aux quatre blés, ne suffisent pas pour la subsistance des curés; qu'ils ont besoin de la dîme sur toutes les productions de la terre et des basses-cours pour vivre : que la Nation ayant voulu pourvoir à leur subsistance par la loi qui établit le tribut des dîmes solites, la même loi qui autorise ces dîmes, autorise nécessairement les dîmes insolites.

C'est ce système artificieux qui a servi d'armes dans les chaires de la vérité, pour tromper des peuples timides et sans instruction, et leur arracher ensuite leur consentement au tribunal de la confession, en faisant dépendre le salut de leur ame du paiement des dîmes insolites ; raisonnons d'abord.

Si la nécessité des dîmes insolites pour la subsistance des curés n'est pas réelle; si elles sont superflues pour leur subsistance, il faut les interdire. C'est la conséquence du systême du clergé qui ne les a obtenues des peuples et des cours que sur le moyen de la nécessité.

Si elles sont de nécessité, il y a toujours contravention à l'ordre public de la part du clergé de s'en être emparé, et de la part des cours d'avoir autorisé le clergé ; aucun tribut ne peut être levé sur les citoyens, s'il n'est établi par une loi ; le tribut des dîmes, fixé aux quatre blés, étoit établi par une loi nationale, il n'étoit pas permis de l'étendre à d'autres productions, sans une nouvelle loi de la Nation.

Dans le neuvieme siecle, époque de l'établissement des dimes solites, on croyoit toucher au terme où le monde devoit finir, la Nation se dépouilloit alors, avec profusion, des biens de la terre, pour acquérir ceux du ciel. Est-il à croire que dans le même tems, où remettant, entre les mains des ministres des autels, la propriété de ses terres, de ses bois, de ses forêts, de ses seigneuries, pour entretenir les églises, décorer le culte et soulager les pauvres, elle vouloit assurer la subsistance du pasteur des ames par un tribut sur les productions, elle n'y ait pas pourvu abondamment et au-delà du besoin, en fixant ce tribut aux quatre blés en proportion du produit du sol de chaque lieu.

Ce que l'on doit présumer est un fait dont chacun peut se convaincre : la démonstration de ce fait dépend de la connoissance du montant des dîmes des blés, qui font la dîme solite dans chaque paroisse ; elle est à la portée de tout le monde, et personne ne paroît l'avoir vue. Nous ne l'aurions nous-mêmes point apperçue, sans la circonstance du projet formé par le ministere, en 1787, de substituer un impôt territorial de la vingtieme gerbe en nature, aux deux vingtiemes du revenu en argent : le hasard a voulu que quelques *notables* se soient adressés à nous pour savoir ce que seroit un impôt de la vingtieme gerbe. Nous n'avions jamais fait de réflexions sur cet objet ; nous nous livrâmes à l'examen des dépenses des charges, et du produit des récoltes, en raison proportionnelle : le résultat nous a jetés dans un si grand étonnement, que nous n'avons pu croire qu'il fût exact. MM. les députés présens se sont chargés de refaire le travail chacun séparément ; un magistrat respectable, qui s'intéresse vivement à la chose du bien commun, a voulu le faire aussi de son côté ; et tous ont trouvé le même résultat ; tous sont arrivés à la démonstration, qu'un impôt de la vingtieme gerbe seroit de l'équivalent des deux cinquiemes du total des revenus des terres labourables. (*)

(*) Pendant qu'on imprime cet Ouvrage, nous apprenons par une multitude d'écrits, tels que celui de M. B o u y s, *président de l'élection de Nevers*, que l'on renouvelle les efforts pour faire adopter le système d'une *dime territoriale* ; l'on vente le produit qui en résulteroit, la facilité que l'on auroit de la percevoir, le plaisir, même, que le cultivateur auroit à s'acquitter si aisément de ses impôts; et l'on cite, pour exemple, ce que l'on suppose se passer dans les dîmes ecclésiastiques.

On excuseroit les erreurs de ces écrivains, en faveur de leur zele, s'il s'agissoit de choses légeres, mais en matiere d'administration et d'impôts, on ne doit pas se permettre de donner des conseils sur ce qu'on ne connoît pas ; et il est du devoir de tout citoyen de combattre les fautes en ce genre, lorsqu'il est instruit. Que ces auteurs lisent le tableau que nous donnons du produit des dîmes, de la charge immense qu'elles font sur l'agriculture, des chagrins, des troubles, des procès qu'elles causent aux cultivateurs, et

Cette démonstration appliquée aux dîmes qui se leventen nature, il est donc évident que

---

qu'ils jugent si leurs propositions et leurs assertions sont justes ; nous soumettons ce travail à leur examen , puisque nous l'imprimons. Ils n'ont point de recherches à faire ; ils n'ont que des calculs à vérifier : ils verront qu'une dîme à la seizieme gerbe , fait l'équivalent de la moitié du revenu du propriétaire ; qu'à la dix et à la onze, la dîme équivaut presqu'à la totalité ; et qu'une dîme territoriale à la vingtieme, d'aprés ce même calcul , seroit les deux cinquiemes, c'est-à-dire , de *six livres* vis-à-vis de quinze livres de revenu de propriété , au lieu de *trente - six sols* qu'on paie pour vingtieme et suites

Nous avons observé que c'est précisément à l'occasion du système de dîme territoriale que nous avons fait ces calculs avec des citoyens *vrais notables*, qui cherchoient des lumieres , et que le hasard nous a adressés ; mais nous n'avions pas cru nécessaire d'ajouter ce que nous avons aussi démontré à ces notables que cette espece d'impôt , si aggravant pour l'agriculture , et qui enleveroit sur la propriété l'équivalent de deux cinquiemes du revenu , ne rendroit pas le trésor plus riche qu'il l'est par l'impôt des deux vingtiemes : que les partisans de la dîme territoriale , s'instruisent seulement des faits.

Nous ne parlerons pas d'une foule d'inconvéniens qui s'opposent à l'exécution de la dîme territoriale; nous la supposons possible, et nous nous renfermerons dans

le tribut seulement, à la seizieme, est équivalent à plus de la moitié; oui, plus de la moi-

---

les faits qui conduisent à apprécier quelle en seroit la vraie valeur.

Supposons que l'on mette l'impôt territorial en régie, il faut donc établir, dans chaque paroisse, des bâtimens pour y retirer les contributions, les exploiter et loger le régisseur : il faut avoir des chevaux, des voitures et des hommes pour ramasser les dîmes dans les champs, les transporter dans les granges royales, et les débiter aux marchés, lorsqu'ils sont en état d'être vendus; il faut des journaliers pour battre les grains et les travailler; et il faut des appointemens aux régisseurs.

Que l'on réduise toutes ces dépenses, au plus bas possible, elles consommeront le produit de la dîme, et l'excederoient dans toutes les paroisses où les dîmes ne pourroient monter qu'à trois et quatre mille livres de productions, tirées sur le cultivateur.

Veut-on prendre le parti de les affermer à l'enchere; sans doute le fermier qui sera du lieu aura moins de dépenses; mais il lui faudra toujours des bâtimens, des chevaux, des voitures, des calvaniers et des journaliers; et il faudra qu'il trouve la récompense de ses peines dans un profit de ferme; l'on peut en prendre une idée sur les fermes des dîmes, qui sont entre les mains des *communautés*, des *chapitres* et des *grand- -bénéficiers* : une dîme qui enleve sur les cultivateurs pour tié de la totalité des fermages des terres. (*)

La Nation qui s'est occupée à rechercher tous les biens-fonds possédés par le clergé, qui s'est étonnée de ses immenses possessions, et qui s'est permis de critiquer ses propriétés *fondées en titres* ; de quel œil verra-t-elle que l'objet des dîmes, auquel elle n'a pas même pensé, monte seul à l'équivalent de plus de moitié des revenus du sol labourable de la France ? Avec quel empressement s'élevera-t-elle contre les *dîmes insolites*, qui sont *sans titres*, qui, non-seulement sont sans titres,

---

dix mille livres de productions, est à peine louée *trois et quatre mille livres*.

Ainsi, une dîme territoriale ne rendroit pas le trésor de l'Etat plus riche, elle l'exposeroit, même, au danger de l'être moins ; et, à coup sûr, acheveroit la ruine des cultivateurs, et la perte de l'agriculture.

(*) Il est inutile d'observer qu'on ne doit pas confondre les curés *à portion congrue* avec les curés *décimateurs*, ceux-là sont dans la misere, tandis que les autres sont dans une abondance scandaleuse ; mais les cultivateurs n'en sont pas moins chargés, les dîmes qu'ils ne paient point aux curés pensionnaires, auxquels elles appartiennent, ils les paient au haut clergé à qui elles n'appartiennent pas, et qui les ont usurpées.

qui sont même contraires aux loix de la Nation et à toutes les loix du royaume, qui ont défendu l'extension des dîmes? Ne sera-t-elle pas indignée qu'il subsiste en France un tribut si tortionnaire et si vicieux ; un tribut qui détruit l'agriculture, ruine l'Etat, et n'a d'autre origine que la ruse, la séduction et l'abus de l'empire que la religion donne aux ministres des autels, sur les peuples ?

La Nation assemblée ne voudra rien que de juste; aux yeux de la justice et de la loi, il suffit que les dîmes insolites soient des usurpations, et qu'elles nuisent au bien public, pour les proscrire ; mais leur proscription deviendra encore plus nécessaire et plus assurée, en faisant connoître à la Nation, que ces dîmes usurpées sont véritablement superflues aux curés; qu'elles ne servent qu'à les corrompre, à les enlever à leurs fonctions ; et que les dîmes solites, données pour leur subsistance, excedent de beaucoup leurs besoins honnêtes.

Hâtons-nous donc de mettre la Nation en état de s'assurer, par elle-même, en quoi consistent les dîmes solites, et qu'elle est leur

proportion avec les fermages de chaque paroisse , et qui pourra donner la connoissance
de la masse énorme de ces dîmes , et leur
proportion avec le total du revenu des terres
labourables du royaume.

Une premiere instruction donnera une lu-
miere qui pourra suffire à bien des esprits,
mais qui les préparera tous à se convaincre de
la vérité qui va paroitre.

Pour bien connoitre ce que sont les dîmes
solites et leur proportion avec les revenus
de la propriété des terres labourables , il faut
necessairement commencer par établir les
dépenses du fermier , d'après lesquelles le revenu du propriétaire est fixé.

Quiconque est propriétaire de terre, ou a
pratiqué la campagne, sait qu'un fermier en-
trant a dix-huit mois de travaux , et de grandes
avances à faire , avant de tirer un sou de produit , parce qu'il faut qu'il laboure , qu'il
fume , et qu'il seme avant de récolter ; il faut
qu'il soit monté en chevaux , en vaches , en
moutons , en volailles ; qu'il ait des charrues.,
des charettes , et toutes les ustensiles aratoires :
il faut qu'il ait le moyen de se fournir de semence, de se nourrir, lui, ses cooporérateurs,

ses

ses chevaux, ses vaches et ses moutons pendant ces dix-huit mois ; il faut enfin qu'il paie les gages de ses domestiques, les salaires de ses journaliers, les travaux des ouvriers d'entretien, et les frais de la première récolte, avant de rien retirer de sa ferme : que l'on calcule ce fonds d'avances avec toute la rigueur que l'on voudra ; qu'on le porte au plus bas, on trouvera que les dépenses d'un fermier pour la monture d'une seule charrue, excede douze mille livres.

Le fermier doit retrouver dans le bénéfice de sa ferme l'intérêt de ces avances, et on doit compter cet intérêt au moins à dix pour cent, parce que le capital est employé en choses usuelles et périssables, et qu'il faut entretenir et remplacer.

Le fermier a-t-il récolté ? Il faut distraire de sa recette *les pailles*, elles sont consommées par ses chevaux, ses vaches et ses moutons, et retournent en fumier pour les récoltes suivantes ; il faut distraire aussi *les foins*, souvent il n'en a pas assez pour ses animaux, malgré le secours des *foins artificiels* ; il faut distraire également sur l'*avoine*, la semence et la nourriture des chevaux pendant le cours de l'année, s'il en reste à vendre c'est un petit objet ; enfin, sur le *froment*, il faut distraire les semences et la nourriture du fermier, de sa famille et de ses domestiques.

Le cultivateur n'a donc que ce qu'il lui reste de blé et d'avoine avec ses profits d'industrie, pour faire face aux gages de ses domestiques, aux salaires des journaliers, au paiement des ouvriers d'entretien ; au remplacement des chevaux et vaches, aux frais de récolte, aux tributs de l'impôt, au prix des fermages, et aux intérêts de ses avances ; objets qui, réunis, font une dépense annuelle de plus de *cinq mille livres* pour une charrue.

Et le curé qui a déja pris la dîme sur les blés et avoines remis en semence, la prend en grains et en paille, sans aucuns frais, sur la totalité de la récolte, sur tout ce qui se consomme pour la nourriture du cultivateur, de sa famille et de ses animaux, comme sur ce qui lui reste à vendre. Et il la prend, non sur un seul cultivateur, mais sur tous les cultivateurs, et toutes les productions du territoire de sa paroisse.

Cette seule réflexion ne doit-elle pas faire

appercevoir que les dimes doivent approcher de bien près les revenus du propriétaire, dont la terre doit payer sur ses productions l'intérêt des avances du fermier, les frais d'entretien, le prix de ferme, les impôts, les dîmes et la nourriture du laboureur et de ses domestiques, et dont le revenu n'est fixé, que distraction faite de ces dépenses.

Veut-on faire une autre réflexion sur un fait qui est encore sous les yeux et qui conduit au même point? Qu'on prenne une paroisse, grande ou petite; qu'on calcule les fermages de toutes les terres labourables de cette paroisse, et l'on trouvera que le curé, jouissant de toutes les dimes, a un revenu au moins égal à la moitié du total des fermages : aussi voit-on avec scandale, que dans les bons territoires, dont les dîmes sont envahies par le haut clergé, elles montent jusqu'à 20, 30 et 40,000 livres. Par exemple, dans Mitry en France, assez voisin de Paris, pour que chacun puisse s'en assurer, les dimes y excedent 40,000 livres; et il est certain que les fermages du sol de Mitry ne vont pas à 80,000 liv.

Mais évitons la peine des recherches et des conjectures, on pourroit rencontrer des doutes dans bien des paroisses où les curés cachent leurs revenus, et affectent même la pauvreté, pour se soustraire à l'injustice de la répartition des décimes, dont le haut clergé se décharge en les faisant supporter au bas clergé. Nous avons dit que la démonstration de la vérité est également sous les yeux ; mettons les députés de la nation en état de se la procurer chacun par soi-même.

Qu'on se rappelle que la regle de l'agriculture est de diviser les terres en trois parties appelées *soles* ; qu'il y a toujours un tiers en blé, un tiers en mars, et un tiers en jacheres: c'est sur ce dernier tiers, que le laboureur, pour ne pas déranger ses soles et diminuer ses productions de grains, cultive, pour sa nourriture et celle de ses animaux, les trefles, les sainfoins, les vesses, les dragées, les pois, les feves, les haricots, dont les curés exigent les dîmes, quoique ce tiers ait acquitté son tribut pendant ses deux années de travail; ce qui ajoute encore à l'injustice de l'usurpation des dîmes insolites.

Comme il ne s'agit que de s'assurer quelle est la masse particuliere des dîmes solites dans chaque paroisse, pour bien juger si ces dîmes seules sont suffisantes pour la subsistance des curés , nous n'opérerons que sur les deux autres tiers des terres, et nous prendrons pour regle le froment qui occupe l'un de ces deux tiers ; ce qui résultera de l'opération sur le froment , s'appliquera aux autres blés qui occupent l'autre tiers , et qui paient la dîme solite comme le froment.

Prenons donc un arpent de terre , il y en a depuis 6 liv. jusqu'à 20 et 25 de fermages : prenons un arpent de 15 livres ; c'est de la bonne terre.

Un arpent de terre de 15 liv. rend 250 et 300 gerbes, n'en supposons que 200 de récolte.

Prenons ensuite un taux de dîme , il y en a à 10 , à 11 et jusqu'à 17 et 20 : prenons la seizieme, qui est un des taux les plus bas.

Mettons enfin le prix à la gerbe : on l'estime à 15 sols, année commune, et 20 sols, dans les années de cherté ; ne la mettons qu'à 12 sols, et calculons.

Le cent de gerbes de récolte, à la seizieme pour dîme , donne six un quart ; et pour deux cents , douze et demie ; et les douze et demie, à 12 sols la gerbe, donnent 7 liv. 10 sols, qui

font juste la moitié du revenu de la pro⸗
priété de l'arpent à 15 liv. de fermage.

Calculant ensuite sur le vrai produit de l'arpent à 15 liv. qui est de 300 , et sur le produit
des terres à 20 et 25 liv. l'arpent, qui sont les
meilleures . et qui est de 400 gerbes , et tirant
la dîme à dix ou à onze, qui est la dîme de la
Normandie, et la plus commune de la France,
on trouvera que le tribut des dîmes solites,
équivaut presqu'à la totalité des revenus de
chaque propriété, et par conséquent presqu'à
la totalité des revenus des terres labourables
du royaume.

Ainsi les curés ont à eux seuls, par les dîmes
solites, l'équivalent de plus de la moitié et
presque de la totalité des revenus des terres
de leur paroisse, sans aucuns frais ; et ils y
joignent le logement , qui est encore une
charge des habitans : ils ont des jardins qui
leur fournissent des légumes ; ils ont le patrimoine de la cure, les fondations de l'église et
leurs messes.

Il est donc évident que les dîmes solites ,
accordées par la Nation , pour la subsistance
des curés , excedent leurs besoins honnêtes,
et que les dîmes ins olites , qu'ils ont usurpées

leur sont superflues. Comment le haut clergé, qui s'est emparé d'une partie de toutes les dîmes sur les curés, oseroit-il s'opposer à l'extinction de ces dîmes insolites, dont l'origine est si honteuse , qui ruinent l'agriculture , détournent les pasteurs de leurs fonctions, et font tant de mal à la Religion et à l'Etat ?

Mais peut-être la Nation préféreroit-elle un moyen, s'il en étoit de possible , qui , sans prononcer sur l'abus des usurpations, et sans blesser les intérêts du clergé , pût délivrer l'agriculuture de toutes les dîmes ; et redonner à l'industrie du cultivateur , éteinte , toute son activité ; à l'Eglise , ses ministres ; au peuple , ses pasteurs ; et aux pasteurs, la confiance et le respect.

Oui , il est un moyen qui peut remplacer tous ces grands objets ; nous prendrons la liberté de le proposer à la Nation assemblée.

DEUXIEME MOYEN contre l'excès des dîmes ; conversion de toutes les dîmes en argent.

La conversion des dîmes en argent est très-commune , c'est la loi de toutes les Eglises de l'*Afrique*, de celles de l'*Orient*, de celles de *toutes les terres* de la domination *du Pape* ; c'est celle même du parlement de Paris dans les paroisses d'*Aubervilliers*, des *Vertus*, de *Montreuil*, de *Fontenai-aux-Roses*, de *Champigny* et de tous les lieux de son ressort, où l'on cultive des productions de consommation, dont les dîmes ne peuvent être levées en nature, parce qu'elles se recueillent par portions, et de jour à autre.

L'estimation du parlement de Paris est de quarante sous par arpent ; toutes terres labourables payant, celles en jacheres, comme celles chargées de grains : ce qui fait trois liv. par arpent, pour les terres en rapport.

Tel est le moyen que nous proposons pour éteindre la servitude des dîmes en nature, et remédier à tous les maux qu'elles entraînent, c'est de convertir le tribut en argent.

Peut-être la Nation trouvera-t-elle que l'estimation du parlement, faite pour les terres des environs de Paris, les plus productives du royaume, est trop forte pour les terres éloignées de la capitale ; elle en sera même convaincue, si elle veut bien prendre connoissance du nombre d'arpens contenus dans une

paroisse ordinaire ; mille à douze cents arpens ne peuvent former qu'une très-petite
paroisse, et elle paieroit deux mille et deux
mille quatre cents livres de rétributions ; et
les plus ordinaires sont de deux et trois mille
arpens, il y en a jusqu'à sept, huit et dix
mille, même plus.

Si le remede est approuvé, ce sera à l'assemblée nationale à fixer la rétribution d'après
les instructions qu'elle prendra sur l'étendue
des paroisses, et sur les besoins des curés
pour leur subsistance ; mais en portant en
compte le *logement*, le *jardin*, le *patrimoine-
curial*, les *fondations* et les *messes*. Ce sera
à elle à peser, dans sa sagesse, le secours
qui leur est nécessaire, et à régler le tribut en
conséquence ; quel qu'il soit, les cultivateurs
béniront les Députés de la Nation, comme
des peres qui leur auront donné une nouvelle
vie, en régénérant l'agriculture.

Nous avions eu l'idée de proposer, pour
remede unique, de faire une loi, qui donnât
à tout propriétaire de terres la faculté de s'affranchir des dîmes, en remettant au trésor de
l'Etat le capital de l'estimation faite par le
parlement de Paris, ou de celle qui seroit

faite par l'assemblée ; mais nous avons été effrayés en calculant les sommes immenses qui seroient apportées au trésor ; on peut en prendre un apperçu, en s'instruisant de la superficie de la France, en terres labourables : si on veut en croire des calculs connus, et dignes de foi, elle contient plus de deux cents millions d'arpens ; mais que l'on calcule seulement sur le nombre de paroisses qui est de plus de quarante mille, que l'on suppose seulement trois mille arpens dans chaque paroisse, on trouvera cent vingt-cinq millions ; n'en supposons que *cent millions*, ils donneront à quarante sols par arpent *deux cents millions de rente*, et un capital de *quatre milliards* ; et dans une faculté donnée de s'affranchir des dîmes, on doit compter sur la totalité de cet immense capital, parce qu'il n'est point de propriétaire, si pauvre qu'il soit, qui ne prenne promptement le parti de vendre une portion de sa propriété pour libérer l'autre, plutôt que de rester sous le joug des dîmes en nature.

Que la Nation se détermine pour la conversion en rentes ou pour l'affranchissement, en déposant au trésor de l'Etat les capitaux, elle sera toujours certaine d'opérer tout le bien qui doit résulter de l'extinction des dîmes en nature.

Les paroissiens et les curés n'ayant plus d'intérêts qui les divisent, vivront ensemble dans la paix et l'union.

Les curés, assurés de leurs rétributions en argent, sans embarras, sans travaux, sans commerce, et reprenant les saintes fonctions de pasteurs des ames, se montreront dignes ministres d'un Dieu, dont tous les préceptes tendent au bonheur de l'homme; ils instruiront les peuples sur leurs devoirs de religion et de société; ils feront des citoyens, en formant des chrétiens; et s'assureront le respect.

Et les cultivateurs, dégagés du joug insupportable des dîmes, affranchis des inquisitions au dehors et au dedans, libres d'exercer leur industrie sur la terre et dans leurs basses-cours, ne travaillant que pour eux, n'ayant plus de partages à faire, plus de querelles à essuyer, plus de procès à craindre, sortiront de la misere, et feront renaitre l'abondance dans leurs maisons; qui fera la richesse de l'Etat, et le bonheur de tous les citoyens.

TROISIEME FLÉAU

DE L'AGRICUTURE;

Excès du Gibier par Abus du Privilege des Chasses.

L'EXCÈS du gibier excite depuis long-tems un cri universel : les deux fléaux des impôts et des dîmes, sont chacun séparément, suffisans pour détruire l'agriculture ; celui de l'excès du gibier, fait seul plus de mal encore que les deux autres ensembles.

Plusieurs citoyent zélés ont employé leurs plumes sur la matiere des chasses.

Les uns ont combattu en général le privilege exclusif des chasses, attaché aux fiefs, tous possédés par les nobles, et en ont réclamé le droit en faveur des propriétaires.

Les autres se sont élevés contre l'abus des capitaineries qui enlevent aux nobles, sans crédit, une partie des fiefs, et les livrent aux nobles puissans, qui en font un objet de lucre, ou les vendent, par cantons, à prix d'argent, aux rôturiers riches ; et ils en ont réclamé la restitution en faveur des nobles dépouillés.

Tous se sont appuyés sur le principe gravé dans le cœur de l'homme, que la chasse est un droit naturel, un droit attaché à la propriété : l'homme est autant propriétaire du gibier qu'il nourrit aux dépens de ses grains, qu'il l'est des grains qui nourrissent le gibier. Et tous ont invoqué les témoignages de l'histoire du monde, depuis son origine, les loix faintes et prophanes, les loix de tous les peuples, les loix même de la France pendant quatorze siecles, et ils ont établi ce principe, dont la connoissance est innée dans l'homme, que le privilege de la chasse n'a été détaché de la propriété des terres qui nourrissent le gibier, et attaché aux fiefs, que par un abus de la féodalité ; tyrannie des nobles, qui ne peut jamais prescrire contre le droit naturel.

Mais ces écrivains n'ont fait qu'ébaucher la matiere, ils font des oublis et tombent dans des contradictions qui font peine au lecteur qui a des connoissances de ce qui se passe dans les campagnes.

Ces ouvrages, d'ailleurs savans, pleins de recherches utiles, et qui inspireront toujours pour les auteurs l'estime et la reconnoissance des bons citoyens, font appercevoir le grand

Intérêt de la chose publique contre le privilege des fiefs, et ils l'abandonnent : l'agriculture, ce fonds précieux, qui fait la richesse de l'Etat, et d'où dépend la vie de tous les citoyens, l'agriculture, ruinée par le gibier, mais toujours méprisée, toujours ignorée dans ses détails, n'entre pour rien dans le tableau ; et la protection qu'elle exige des loix, suffiroit seule pour appuyer la réclamation contre le privilege et la tyrannie des chasses.

De leurs principes, qui sont incontestables, résulte nécessairement que le gibier appartient à celui sur la terre duquel il se trouve, que tout propriétaire de terre doit être rétabli dans le droit qu'il a de le chasser et de jouir des bénéfices de sa chasse ; que le privilege de la chasse attaché aux fiefs, n'est point une propriété des nobles, mais une usurpation qui enleve aux propriétaires de terres, une partie de leur propriété, et donne aux nobles le droit de ravager leurs productions.

Bien loin d'arriver à ces justes conséquences, qui sont le point essentiel de toute réclamation contre le privilege des chasses, tous ceux qui ont écrit sur la matiere, s'en détournent ; tous oublient leurs principes et les faits désastreux qui résultent de l'excès du gibier ; multiplié par la cupidité des nobles, et leur tyrannie contre les cultivateurs ; tous ne s'occupent que des maux que causent les capitaineries : il en est même qui, par une contradiction qui nous a affligé, partant des mêmes principes, présentent le droit de chasse comme une partie inhérente aux fiefs, et la formation des capitaineries comme un attentat aux propriétés, et ne demandent la destruction des capitaineries que pour remettre l'exercice de la chasse entre les mains des nobles à qui appartiennent les fiefs.

Où peut conduire un combat, si contradictoire, si mal soutenu, et dont l'intérêt paroît tout entier pour les nobles ?

Il conduit à donner des armes aux nobles pour maintenir leurs usurpations et repousser les plaintes de toute la Nation contre l'excès du gibier et l'abus du privilege attaché aux fiefs.

Il conduit à autoriser les nobles dans les discours qu'ils tiennent hautement à la cour et à la ville, que la rôture veut s'élever en concurrence avec la noblesse ; qu'elle ne dispute le privilege des nobles, que pour le partager avec eux ; qu'il n'y a dans les plaintes élevées contre la chasse , que desir d'anéantir les distinctions qui constituent la Monarchie Française ; que le systême de confondre tous les ordres , et de parvenir à l'égalité des conditions.

Hâtons-nous de réparer l'injustice faite au Tiers - Etat par la Noblesse ; ajoutons aux écrits patriotiques qui ont traité la matiere des chasses, ce qui y manque : ces écrivains ne sont que des savans, et n'ont vu que les abus des capitaineries qui entourent Paris. Nous, peut-être moins éloquens, nous réunissons la qualité de cultivateur , nous connoissons les malheurs qu'éprouve l'agriculture, nous sommes instruits de tous les abus qui résultent du privilege des chasses , attaché aux fiefs : nous voyons toutes les campagnes désolées , tous les citoyens souffrans, toute la France appauvrie ; parlons donc pour tous les hommes et pour tous les lieux qui composent le Royaume et la nation ; faisons voir qu'il est des intérêts communs aux nobles et aux rôturiers qui réclament contre le privilege des chasses : apprenons même aux nobles qu'ils ne peuvent s'opposer à la destruction de ce cruel privilege, sans se déclarer anti-citoyens , ennemis de

l'Etat ,

l'Etat , et qu'on peut détruire l'abus , sans ébranler la distinction des Ordres.

Qu'importe à l'agriculture et à la chose publique , que le Roi se soit emparé des chasses des différens fiefs, qu'il les ait réunies dans sa main; qu'il en ait formé des *capitaineries*, et qu'il ait gratifié de ces capitaineries des courtisans qui la plupart en font un objet de trafic et de lucre ?

Qu'importe que ces capitaineries soient un attentat à la propriété de quelques nobles , si le privilege de la chasse est aussi nuisible dans leurs mains que dans celles du Roi ?

Ce ne sont ni les capitaineries, ni les privileges des fiefs qu'il faut attaquer, ce sont les abus de la chasse : que l'on détruise les abus, alors les capitaineries et les privileges de la chasse attachés aux fiefs s'anéantiront ; du moins en réglant l'usage de la chasse sur la mesure de l'intérêt de l'agriculture et de l'Etat, l'exercice qui en restera dans les capitaineries et dans les fiefs, ne fera plus de mal, et il n'y aura plus lieu à aucunes plaintes.

Qui pourroit ignorer que l'abus des chasses est aussi nuisible au bien de l'agriculture dans les fiefs possédés par les nobles , que dans les capitaineries possédées par le Roi ?

Ce n'est pas affez dire, l'abus est bien plus grand du côté des nobles, la seule comparaison de la composition et de l'ordre des justices établies dans les capitaineries, avec la composition et ce qui se passe dans les justices seigneuriales, suffiroit pour en dònner une idée; mais en jetant les yeux sur les réglemens ignorés dans les capitaineries, et suivis dans les jugemens qui sont rendus sur les plaintes de dégats commis dans les chasses, et par le gibier des nobles, soit dans leurs justices, soit aux eaux et foréts, soit au parlement, on en sera convaincu.

Chaque capitainerie a son tribunal : les officiers qui composent ce tribunal, sont en charge, ils sont indépendans dans leurs fonctions; la procédure est simple et prompte; la loi et la conscience sont les seuls oracles que les juges aient à consulter, et ce sont nécessairement des citoyens honnêtes et riches, puisqu'ils achetent ces charges bien cher, et qu'ils n'en tirent point d'autre profit, que le plaisir de jouir d'un canton de chasse qui est assigné dans la capitainerie pour les officiers.

Dans les justices seigneuriales, au contraire, les juges sont presque toujours pris dans la plus basse classe des hommes : un huissier, qui sait à peine signer son nom, est le *prévôt*; un charron, un maréchal ou un journalier est le *procureur-fiscal*. La volonté seule du seigneur les établit, la volonté contraire les destitue; ce sont les esclaves d'un maître qui veut toujours être obéi, et qui punit par une révocation, si on lui déplaît. Et voilà ce qui compose le ridicule et dangereux tribunal des hautes-justices, et voilà toute la protection que la loi donne aux pauvres habitans de campagnes, lorsqu'ils ont à se plaindre de délits, ou à défendre leur propriété.

Ajoutons que les seigneurs ont des gardes qui sont associés à leurs intérêts dans la multiplication du gibier, des gardes qui en tirent autant et souvent plus de profit qu'eux, qui, ayant le privilege barbare d'être crus sur leur simple rapport, imposent le silence et la terreur à qui ose élever la voix contre la tyrannie ; parties, juges et exécuteurs, ils imputent des délits à qui il leur plaît; ils sont maîtres des productions dans les champs, maîtres de ruiner qui ils veulent, maîtres de la vie même, n'ayant besoin que de dire dans leur procès-verbal, pour être innocens, qu'il y a eu, de la part de celui qu'ils ont sacrifié, des voies de fait. Oh! justices des seigneurs, quel mal ne font elles pas dans les campagnes? Comment peut-on se borner à se plaindre de la réunion des fiefs en capitaineries? Comment en réclamant la suppression des capitaineries, peut on demander que l'exercice du privilege des chasses et justices, attachés aux fiefs, soient remis entre les mains des seigneurs comme une propriété légitime?

Les justiciables des seigneurs peuvent s'adresser, il est vrai, aux eaux et forêts, et delà au parlement, pour les dégâts du gibier; mais c'est ici où l'on va voir comment les seigneurs de fiefs sont arrivés au despotisme sur les campagnes. C'est ici où l'on va reconnoître que le cultivateur est le plus malheureux de tous les êtres, et que ses malheurs sont sans ressource, si la Nation ne vient pas à son secours.

D'abord, quel est le cultivateur qui, déja ruiné par les impôts, par les dîmes, et par les degâts, dont il a à se plaindre, pourra faire les frais d'une instruction aux eaux et forêts, conforme aux réglemens du parlement? Quel est celui qui, outre les dangers d'un procès interminable, et d'un événement

rendu cruel par des amendes, des dommages
et intérêts, et des frais immenses, peut avoir
douze et quinze cents livres à débourser, seulement pour les avances des procès-verbaux
de visite, et les premiers frais d'instruction ?
Si c'est un fermier, il aimera mieux abandonner sa ferme : si c'est un propriétaire,
il aimera mieux s'expatrier, parce qu'après
un procès avec son seigneur, il doit s'attendre
à avoir un ennemi, et un ennemi d'autant plus
dangereux, qu'il a le droit de ruiner, de faire
périr, même, par le moyen de son garde et
de sa justice.

Le cultivateur fût-il en état de faire ces
avances, et assez déterminé, à tous les évé-
nemens, pour faire tête au seigneur, les
écueils que les réglemens sement sur ses
pas, l'arrêtent malgré lui ; avant de parler de la
jurisprudence, actuellement subsistant au parlement de Paris, il faut rappeler le droit établi
par les loix nationales, et les ordonnances du
royaume, singulierement, à l'égard des lapins.

La loi la plus utile de toutes les loix du
royaume, la plus assurée par toutes les coutumes, la plus affermie par les ordonnances,
et peut-être la plus connue de tous les ci-

toyens, est la défense des lapins, réservés, seulement, aux fiefs qui ont *droit de garenne*, par le titre d'érection, et dans les garennes seules.

Cette bête si nuisible à l'agriculture, cette bête locale, qui ne quitte point le champ qu'elle attaque, qu'elle ne l'ait rasé; qui fait autant de mal de son repaire brûlant, que de sa dent empoisonnée, a toujours été en défense depuis que la culture est en pratique, et jamais il n'y a eu sur cette défense aucune variation; c'est peut-être l'unique point du droit français, qui ait la stabilité et l'universalité dans tout le royaume, malgré la différence des coutumes qui le composent.

Aussi voyons-nous qu'*en 1355*, ayant été fait des plaintes contre des seigneurs, seulement pour avoir agrandi leurs garennes, et pour n'avoir pas conservé autour de la garenne, des propriétés suffisantes pour la nourriture des lapins, il fut fait une loi, dont les propriétaires voisins des garennes furent eux-mêmes constitués les gardiens et les exécuteurs; cette loi fait *défenses d'établir de nouvelles garennes*, et de donner à celles qui subsistent *plus d'étendue qu'elles n'en* doivent avoir suivant le titre de l'érection du fief ; fait pareillement défenses aux seigneurs d'user du droit de garenne , *s'ils ne sont propriétaires de cinquante arpens de terre* , autour de leurs garennes ; et permet *de tuer les lapins* des nouvelles garennes, et ceux qui s'écatent hors l'enceinte des anciennes, *sans encourir amende.*.

Louis XIV lui-même, ce prince chasseur et despote , mais bien éclairé sur les intérêts de l'agriculture , qui remplit les coffres de l'Etat, a donné l'exemple de la soumission que les seigneurs doivent à la loi qui défend les lapins hors les garennes *permises* ; et de la rigueur dont il a voulu que les tribunaux usassent contre les contrevenans. L'art. 11 du tit. 30 de l'ord. des eaux et forêts de 1669 , *enjoint aux officiers des capitaineries de faire fouiller et renverser les terriers de lapins, qui se trouveroient dans les foréts du Roi , à peine de 500 liv. d'amende , et de suspension de leurs charges pour un an.* Et cette disposition a été renouvelée encore par un arrêt du conseil de l'immortel souverain, qui nous gouverne aujourd'hui , rendu le 11 Janvier 1776.

Quel est le cultivateur , instruit de ces loix ,

au moins par la tradition de ses peres, qui ne doive croire qu'il trouvera protection dans les tribunaux, contre un seigneur qui s'arroge, non une seule garenne, mais une multitude de garennes de son autorité, et qui les multiplie dans sa terre, qui couvre les champs de lapins, et ruine toutes les productions ?

Oui, tout cultivateur devroit compter sur ces loix ; mais celui qui veut se plaindre, est obligé de se choisir un défenseur ; et le jurisconsulte lui apprend qu'il y a un *réglement* du parlement de paris, du 15 Mai 1779, qui permet les lapins indistinctement dans tous les fiefs, et ne laisse aux cultivateurs que la ressource d'articuler *les dégâts* faits *par les lapins* comme par les lievres et les perdrix, dans leurs grains, et de les faire constater.

Le jurisconsulte leur dit ensuite : prenez garde à vous, la marche de l'instruction est épineuse, il est bien difficile d'arriver à la preuve du dégât, d'après ce réglement, et il faut que le parlement juge le dégât notable ; vous êtes astraint à donner un état de *toutes vos pieces de terres* ensemencées *pour être toutes visitées*, quel qu'en soit le nombre ; si le dégât n'est pas jugé *notable*, ou s'il est jugé qu'il y a erreur sur une seule des pieces de vos terres, dont vous êtes obligé de signifier l'état, *soit sur le nombre*, soit *quant à la mesure*, soit *quant à la quotité et nature du sol*, vos dépenses d'instruction seront en pure perte, et vous serez condamné en 300 *liv. d'amende*, en *des dommages-intérêts*, et *aux dépens* envers les seigneurs.

Le jurisconsulte dit encore au malheureux cultivateur : si vous vous joignez plusieurs ensemble pour partager la masse des dépenses d'instruction, et *poursuivre à frais communs les dommages* soufferts par chacun, n'espérez pas, d'après le réglement, qu'on examine seulement si votre plainte est fondée, quel que soit le dommage articulé, vous serez *déclarés non-recevables*, et subirez les mêmes condamnations de 300 liv. d'amende.

Prenez garde, ajoutera le jurisconsulte, si quelqu'un vous a *sollicité* ou *provoqué de vous plaindre*, prenez garde qu'on ne le sache, vos demandes en dommage seroient encore rejetées, et vous serez de plus *condamné en 500 l.* d'amende, même *poursuivi extraordinairement*.

Et s'il ne s'agit que de dégâts faits par les *lievres* et les *perdrix*, le jurisconsulte apprendra encore aux cultivateurs qu'il y a un danger de plus à courir que sur la plainte du dégât *des lapins*; que les seigneurs sont autorisés à constater, par experts, la quantité de gibier qui est sur leurs terres, et que rapportant un procès-verbal qui dise, que relativement *aux terreins* qu'ils possèdent, *il n'y a pas plus de cette espece de gibier, que le terrein ne peut en contenir*; la plainte du dégât, quelqu'énorme qu'il soit, est rejetée d'après le réglement; les moissons sont livrées aux plaisirs et au profit des nobles, et le cultivateur, ruiné, subit encore toutes les peines de l'amende de 300 liv., des dommages et intérêts, et des dépens envers le seigneur.

Telle est l'autorité qui a mis le dernier sceau au despotisme des nobles, et à la désolation des cultivateurs. Depuis le réglement du 15 Mars 1779, les tribunaux sont délivrés du poids des peines des malheureux; ils n'entendent plus leurs gémissemens, les plaintes des dégâts du gibier n'arrivent plus jusqu'à eux; les campagnes et leurs productions sont abandonnées à la discrétion des seigneurs et de leurs gardes; telles devoient être, et telles ont été les suites de ce réglement; aussi nous osons attester que nous l'avons suivi mot pour mot, le tenant à la main ; ceux qui auront des doutes, pourront, en se le procurant, se convaincre de la vérité et de l'exactitude de l'analyse que nous en donnons ; il est imprimé, et se vend chez P R A U L T, *cour du palais.*

Depuis ce réglement, qu'on sait avoir été surpris à la religion de la cour, et non délibéré, on a vu dans tous les fiefs s'élever *remises* sur *remises*, avec les fossés nécessaires pour les *terriers.*

On a vu toutes ces remises converties en garennes chargées de lapins, qui s'y multiplient, et se répandent sur toutes les terres.

On a vu, et on voit tous les ans les œufs des perdrix et des faisans mis à profit, pas un seul qui ne reproduise.

On a vu, et on voit les gardes, sans respect pour les productions, lorsque la moisson approche, et qu'ils craignent que les œufs ne puissent éclore en sûreté, parcourir, culbuter les prés et les grains avec leurs chiens, ramasser les œufs, les faire couver par des poules, élever les petits dans des jardins, et les mettre par milliers en liberté au moment des semences.

Voilà les moyens désastreux qui ont multiplié si prodigieusement toute espèce de gibier ; voilà ce qui a fait de chaque fief une vraie basse-cour seigneuriale, où le noble faisant ses chasses dans les saisons où le gibier est à son plus grand prix, voit doubler sa richesse, et où le cultivateur voit la cause de la destruction de l'agriculture, qui fait sa ruine et celle de l'Etat.

Les malheurs de l'agriculture ne se bornent pas là : les chasses des nobles cessent au mois d'Avril, tems des accouplemens du gibier ; et à cette époque, les chasses du Prince commencent ; celles du Prince finissent au mois d'Août, et celles des nobles reprennent.

Chacun peut avoir des idées de la chasse du cerf et du daim, et peut prendre part au plaisir ; le cultivateur seul en connoît les affreux détails, et en verse des larmes.

Le cerf est marqué et gardé à vue de nuit dans le bois : le jour, lorsque le Prince arrive au rendez-vous, la bête est lancée et courue ; plus elle fait faire de chemin, plus elle procure de plaisir au Prince et à ses courtisans.

Les chemins publics ne fixent pas la marche de la bête poursuivie, elle s'échappe par les plaines où elle voit plus de sûreté ; souvent elle fait huit et dix lieues , traversant les grains, et toujours les hommes , les chevaux et les chiens de l'équipage la suivent , et toutes les productions sont renversées.

Cette chasse , qui dure quatre à cinq mois de l'année, se réitere deux et trois fois chaque semaine, et très-souvent fait perdre , chaque jour , la vie à deux ou trois cerfs ; d'où l'on peut juger de l'immense quantité qui en existe.

Encore si le Prince chassoit indistinctement les mâles et les femelles, on pourroit penser que par le nombre considérable qu'il détruit dans ses chaesss chaque année , il doit diminuer l'espece.

Mais les femelles sont réservées pour reproduire ; et les faons, mal placés dans les bois , sont ramassés avec soin pour être élevés dans des parcs , d'où on les tire , lorsqu'ils sont en force, pour les mettre en liberté , et vivre aux dépens du cultivateur. Aussi les biches sont-elles en si grand nombre , qu'on ne les voit que par troupeaux de *quinze* , *vingt* et *trente* , et nuls moyens possibles , aux cultivateurs, pour se préserver de leurs irruptions dans les grains.

Tous les villages voisins des bois s'imposent la charge de *gardes-biches*, à frais communs, pour veiller pendant la nuit ; mais ces gardes ne peuvent porter d'armes à feu, ils sont réduits à faire du bruit avec un cornet, auquel les fauves s'accoutument : c'est une nouvelle taille, et presqu'inutile, qui aggrave les charges des cultivateurs et des vignerons.

Malgré cette garde, qui d'ailleurs ne peut entourer les bois, et ne peut que faire changer de route aux fauves, il n'est point de nuit que des troupeaux de biches ne fassent leur parc dans quelque piece de blé.

Le jour même, on les voit se répandre dans les grains, et dévaster un champ dans un instant.

Si le cultivateur accourt ; s'il lance ses chiens sur la bête qui dévore ses espérances, ses chiens sont tués à ses yeux.

S'il marque de l'humeur ; s'il s'échappe en paroles ; s'il fait quelques gestes, d'où l'on puisse inférer qu'il a fait insulte aux bêtes ou aux gardes, un rapport le ruinera, il se mettra même en danger de perdre la liberté ou la vie.

Les gardes des Princes, que le pouvoir

absolu qui leur est donné sur les hommes, comme sur les bêtes rend féroces, livrent la guerre aux hommes qui osent la livrer aux bêtes : ont-ils le soupçon que des hommes se hafardent à attaquer des biches, l'armée des gardes du Prince se forme, les gardes des nobles voisins s'y joignent ; on entoure le bois, on tire sur les hommes qui paroissent comme sur des criminels condamnés à la mort, sans autres formes ni preuves, que la délation ou le soupçon d'un garde. Malheur aux voyageurs ou à ceux qui s'égarent la nuit dans les bois ; malheur même à ceux qui ont déplu à un garde, ils peuvent payer de la vie la plus légere insulte. Tous gardes - chaffes, ceux des Princes comme ceux des nobles, sont dans leurs fonctions des despotes ; quelques coupables qu'ils soient dans leurs attentats, ils sont innocens, dès qu'ils ont certifié par un procès - verbal qu'ils le sont ; qu'ils disent, par un rapport, qu'ils dressent eux-mêmes, que celui qu'ils ont tué a fait rebellion, cela suffit ; l'innocent sacrifié est jugé digne de la mort qu'il a reçue, si l'on ne s'inscrit en faux contre le procès - verbal, parce que la loi donne au simple procès-verbal, toute foi et toute autorité, sur la seule signature du garde.

Détournons les yeux, la plume se refuse à décrire ces horreurs : la Nation s'assemble pour rétablir le bon ordre, bornons-nous à lui faire voir les abus résultant du privilege des chasses, et les vices de la législation, qui reglent cet affreux privilege ; ajoutons seulement les moyens ou remedes que les cultivateurs desirent être employés, et attendons de la sagesse et du zele patriotique de la Nation, les secours que l'excès des maux rendent si nécessaires et si pressans pour les campagnes.

Moyens pour remedier à l'excès du Gibier, et aux abus des Chasses.

Comme les différens animaux qui font l'objet des chasses, font des maux différens qui ne peuvent être extirpés par le même moyen, il faut nécessairement prendre différens moyens, et employer sur chaque espece de gibier celui qui y est propre.

A l'égard des cerfs, des biches et des daims, il est indispensable de faire une loi qui dé-

fende ,

fende, dans les termes les plus absolus, de
les laisser en liberté dans les bois et dans les
champs, sauf à les renfermer dans des parcs
clos de murs, et qui permette, non aux arti-
sans, journaliers et fermiers, mais à tous propriétaires, de les tuer, lorsqu'ils les trouveront
sur leurs terres, sans cependant pouvoir les
poursuivre sur les terres d'autrui ; ce qui ne
donnera aucun droit de chasse, mais le droit
seulement de conserver son bien.

A l'égard des lapins, il ne s'agit que d'obliger les seigneurs de se conformer aux titres
d'érection de leurs fiefs, conserver le droit de
garenne à ceux qui l'ont par leurs titres, et le
défendre à ceux qui ne l'ont pas ; en un mot,
de remettre en vigueur la disposition de l'*ordonnance de 1355*, qui est conforme au titre
d'érection de chaque fief et au droit général
de la féodalité, et de *défendre d'établir de
nouvelles garennes*, ni d'agrandir les *anciennes* ; de défendre pareillement aux seigneurs,
qui ont droit de garenne par leurs titres, d'user
de ce droit, *s'ils ne sont propriétaires de cinquante arpens de terre* autour de leur garenne,
et de permettre de tuer les lapins *des nouvelles
garennes*, et ceux qui s'écarteroient *au-delà*

de l'enceinte des anciennes, sans encourir amende.
C'est mot pour mot la disposition de l'ordon-
nance de 1355.

A l'égard des *lievres*, des *perdrix* et des
faisans, les cultivateurs se renfermant dans
l'intérêt de l'agriculture, qui est la chose publique, ne demanderont pas le libre exercice
du droit de chasse, que tout homme tient de
la nature, qui appartient plus spécialement
aux Français qu'à tout autre peuple, et qui a
été le droit du Royaume pendant quatorze
siecles ; ils ne demanderont rien qui puisse
alarmer la noblesse sur les distinctions qu'elle
desire ; rien qui contredise la possession, quoi-
qu'injuste, où sont les seigneurs de chasser
dans les tems permis par les ordonnances,
sur la plénitude de leurs fiefs ; ils se borneront
à demander une loi, qui, loin de rendre la
chasse libre à tous les citoyens, la défende de
nouveau à tous autres qu'aux propriétaires de
terres, auxquels il sera permis de chasser et
tuer ces especes de gibier, seulement, chacun
sur ses terres, *sans pouvoir les chasser ni les
tuer au-delà*, et conserver, si la Nation le veut,
la possession *aux seigneurs* de chasser *personnellement* sur la totalité des terres relevant de

leurs fiefs ; mais avec défenses d'y faire chasser leurs gardes, ni de donner des permissions à qui que ce soit pour chasser sur autres terres que celles dont ils sont propriétaires.

AUTRE FLÉAU

DE L'AGRICULTURE;

PAR L'EXCÈS DES PIGEONS LAISSÉS EN LIBERTÉ DANS LE TEMS DES SEMENCES ET DES RÉCOLTES.

L'AUTORISATION des colombiers est établie sur la coutume, et la coutume est l'ouvrage des trois Ordres du ressort : ce que la Nation a fait, elle peut le détruire ; et elle le doit lorsqu'elle voit le mal à la place du bien ; elle peut aujourd'hui ce qu'elle a pu en 1580.

Alors il n'y avoit que soixante-dix ans que la coutume étoit rédigée, et la lime de la chicanne, toujours mordante sur la loi, l'avoit presque toute réduite en abus ; aujourd'hui il y a plus de deux cents ans que la coutume a été réformée, et la chicanne est plus active qu'elle n'a jamais été ; aussi peut-on dire avec verité, qu'en 1580, il n'y avoit pas tant d'abus à réformer sur la coutume, qu'il y en a aujourd'hui ; il est donc nécessaire de fixer, par une bonne réforme, les loix qui doivent faire la regle des jugemens ; c'est le seul moyen d'assurer les droits de chaque citoyen, et de faire disparoître les variations existantes dans la jurisprudence, qui ne produisent que des troubles, des incertitudes et des procès, sur lesquels chacune des deux parties peut opposer à l'autre vingt arrêts favorables, qui sont combattus par vingt arrêts contraires.

Quoi qu'il en soit, ce fut en réformant la coutume de Paris, en 1580, que les colombiers furent autorisés. Elle n'a des dispositions qu'en faveur des fiefs auxquels elle accorde un *colombier à pied avec boulins, jusqu'au rez-de-chaussée*, ce sont les articles 69 et 70. Mais les États envoyerent aux commissaires un article portant que *celui qui n'a fief, censive ni justice, pourroit avoir une voliere de* 500 *boulins, pourvu qu'il eût au terroir, où elle seroit construite, cinquante* arpens de terre, et les prévôt des marchands et échevins voulurent étendre ce droit à *tous propriétaires et habitans n'ayant pas cinquante arpens de terre.* Ces faits sont constatés par le procès-

(85)

verbal de la réformation de la coutume.

Les commissaires chargés de la rédaction n'ayant pu concilier les Etats, parlant au nom des trois Ordres ; et les prévôt et échevins, parlant au nom des bourgeois de Paris, qui jouissoient alors de tous les privileges de la noblesse, renvoyerent au parlement pour régler ce point de coutume.

Le parlement n'a fait ni réglement ni arrêté, mais par sa jurisprudence, uniforme sur ce point, et qu'il a étendue à toutes les coutumes de son ressort, qui n'ont point de dispositions sur les colombiers, il a autorisé tous propriétaires de cinquante arpens de terre, dans le même lieu, à y avoir des *volieres avec boulins* ; et il faut observer que les volieres ne different des *colombiers*, qu'en ce que les colombiers peuvent avoir des boulins *jusqu'au rez - de - chaussée*, et que les volieres doivent être en vide, ou avec un autre bâtiment, au-dessous des boulins, ce qui fait que les volieres sont élevées plus haut, et plus garnies de pigeons que les colombiers.

On peut bien penser, d'après cette jurisprudence, que les volieres et colombiers sont devenus très-communs. Il n'est point de fief,

point de propriétaire de cinquante arpens de
terre, qui ne veuille jouir de son droit, et
qui ne trouve une espece de consolation et
de dédommagement de la perte qu'il souffre
sur ses productions par les pigeons d'autrui,
en faisant manger les productions des autres
par les siens.

Aussi voit-on les campagnes couvertes de
pigeons.

Si l'on seme, il faut avoir des gardiens
jusqu'à ce que le grain soit couvert par la
herce, et celui qui reste en dessus, non-cou-
vert, ou peu couvert de terre, est la proie
des pigeons.

Si un champ semé soit en blé, soit en
orge, en pois ou vesses, est plutôt mûr, on
voit arriver les pigeons par bandes, de tous
les côtés, et en un instant le champ est ra-
vagé.

La perte pour le cultivateur est inappré-
ciable sur les semences.

Il est de regle de forcer d'un quart la semence, pour remplacer le tort que les pigeons
y font : qu'on calcule seulement cet article,
en mettant à 24 liv. le septier employé pour
semence, au lieu de trois minots qui suffi-

foient, on trouvera que les pigeons occassion-
nent une perte de *six livres* sur chaque arpent
de blé; ce qui seul excede tous les impôts
réunis.

Sur les récoltes, la perte est encore bien
plus grande : les pigeons qui, dans ce tems,
ne reçoivent aucune nourriture au colombier,
en sortent affamés, et n'y rentrent que ras-
sasiés. Ils se jettent par bandes sur les productions, toujours courbées sous le poids de
leurs richesses, ils les plongent sur la terre, ils
secouent les épis avec le bec; pour un grain
qu'ils prennent, ils en font tomber vingt,
ce qui fait un dégât qui seul, chaque année,
ruine entiérement nombre de cultivateurs,
et leur cause à tous des pertes immenses.

Les plaintes ont été jusqu'a présent inutiles,
et ne peuvent jamais avoir d'effet dans les justices seigneuriales : il n'est point de seigneurs
qui n'aient des colombiers; les juges ne pourroient porter atteinte à la liberté des simples
propriétaires, sans gêner celle du seigneur,
puisque le droit, fondé sur la même loi, est
égal, ils encoureroient le ressentiment du
seigneur dont ils dépendent; ils seroient ré-
voqués.

Le parlement a été touché du malheur public et de l'embarras des juges : ne pouvant veiller par lui-même à l'observation de ses réglemens, ne pouvant même en faire dans les différens cas et les différens lieux qui exigent la protection de la justice, il s'est dépouillé en quelque sorte de son droit, pour en revêtir les juges des hautes-justices, et les mettre à l'abri des reproches des seigneurs, en les faisant agir sous sa propre autorité : il a, par un réglement *du 24 juillet 1725*, sur le réquisitoire d'office de M. le procureur-général, » *enjoint à tous les officiers et juges........* » *même à ceux des hauts-justiciers, de veiller,* » chacun dans l'étendue de son ressort......... » même *permet auxdits officiers,* dans les lieux » *où il y aura quelques blés* ou autres grains » *couchés* qui pourront *être en proie aux pi-* » *geons* et où il y auroit *quelque dégât à crain-* » *dre*, d'y pourvoir *par tel réglement qu'ils* » *jugeront plus convenables*, chacun dans » l'étendue de son ressort, dont ils informe- » ront la cour incessamment ».

Cet acte de justice n'a remédié à rien : limitant le secours des juges des hautes-justices aux cas de *blés versés*, et *de quelque dégât*

à craindre, c'étoit réduire l'autorisation donnée à des faits de plaintes prouvés, ce n'étoit
que faire naître des matieres de procès.

D'ailleurs, c'étoit toujours laisser subsister
l'obstacle de l'empire des seigneurs sur les
officiers de leurs justices, qui sont révocables:
il seroit impossible, lorsque les blés sont *en
proie aux pigeons*, par le versement, ou *lorsqu'il y a des dégâts à craindre*, de faire un
réglement, sans y envelopper les pigeons des
colombiers des seigneurs; ainsi nul secours
contre le fléau des pigeons.

Il n'y a donc que la Nation assemblée qui
puisse remédier à ce fléau : c'est elle seule qui
établit les coutumes, qui les rédige, qui les
réforme ; et c'est de la coutume que le mal est
né, c'est donc à elle, et à elle seule qu'il appartient d'interprêter la coutume, et d'y ajouter, s'il le faut, de nouvelles dispostions.

Le remede n'est pas d'ôter le droit des
colombiers aux propriétaires de cinquante
arpens de terres; de rendre les colombiers
plus rares, et de conserver seulement ceux des
seigneurs; ce seroit diminuer le mal et non
l'éteindre; ce seroit donner des privileges aux
fiefs, dans le tems même que la Nation s'éleve

pour faire supprimer ceux qui subsistent : disons plus, ce seroit une injustice, puisque le droit des propriétaires de cinquante arpens, émane de la même loi qui établit celui des seigneurs. Si l'on vouloit supprimer les uns, il faudroit donc supprimer les autres.

Mais il est un moyen qui peut remédier à tout sans blesser les droits d'aucun ; c'est de faire une simple loi de police sur l'usage du droit de colombier : c'est d'ordonner que *les colombiers seront tenus fermés aux tems des semences et des récoltes* ; c'est-à-dire, pendant six semaines, dans chacune de ces deux saisons déterminées, *du premier Octobre au 15 Novembre*, pour les semences ; et *du premier Juillet au 15 Août* pour les récoltes ; et en cas de contravention, de *permettre à chaque propriétaire de tuer les pigeons qui seront trouvés errans, sur* ses productions, *pendant ces tems de défenses.*

AUTRES ABUS de la part des Curés, qui aggravent la ruine des Cultivateurs, et affligent l'humanité.

ON ne peut pas oublier que les cultivateurs fournissent la subsistance des curés ; qu'ils paient, par les dîmes, les services religieux qu'ils en reçoivent , lorsqu'ils s'acquittent des fonctions qui leur sont prescrites : on a vu , par détail , quel est l'objet des dîmes , et quelle est l'âpreté des curés à se les faire payer, à aller les enlever dans tous les champs, et à les mettre à profit par le plus actif commerce.

Eh bien ! le croira-t-on ? La plupart de ces curés refusent à ceux de leurs paroissiens, qui meurent *dans des écarts*, les derniers devoirs de religion et d'humanité ; ils refusent d'aller sur les lieux lever les cadavres et de les accompagner à l'église, et ils se font payer la même rétribution que les curés des villes pour toutes leurs fonctions , même lorsqu'ils ne les remplissent pas.

Quel surcroît d'affliction, et quelle humiliation pour les gens de campagne, d'être obligés de mettre le corps d'un mari, d'une femme , d'un pere, d'un enfant dans un tombereau pour le faire arriver à l'église ; de suivre , en deuil, à la queue de ce tombereau , sans prêtre , sans marques de religion , sans nul des signes honorables qui distinguent l'homme de la bête dans le transport du cadavre ? Et c'est parmi les chrétiens , c'est de la part des ministres de la religion sainte que ce scandale arrive.

Sans doute la Nation assemblée forcera ces curés scandaleux à remplir leurs fonctions, puisqu'il a été impossible, malgré des plaintes réitérées, de les y faire obliger par leurs supérieurs ecclésiastiques.

Mais il ne suffit pas que les curés des campagnes fassent leurs fonctions, il faut encore leur défendre, par une loi précise, d'en exiger des rétributions.

C'est un double emploi, un double paiement de recevoir les dîmes, qui sont le prix des fonctions de curé, et de se faire payer des rétributions, pour ces fonctions, dans l'administration des sacremens et des convois.

Le titre de ces curés est le réglement des honoraires dus à l'Eglise, fait par l'Evêque, et homologué par le parlement : mais la Nation n'a jamais approuvé ce réglement, et ne peut l'approuver : il est juste pour les villes, il est injuste pour les campagnes. Si les curés des campagnes veulent s'appliquer les rétributions prescrites pour les curés des villes, qu'ils se mettent dans la même position, qu'ils imitent leur zèle, leur désintéressement, leur charité ; et qu'ils se restraignent comme ces ministres respectables aux seules

rétributions de l'Eglise. Mais exiger les ré-
tribulions de l'Eglise comme les *curés des
villes*, et les dîmes comme *curés de campagne*, c'est une vexation : les dîmes et les
rétributions accordées à l'Eglise ont un seul
et même objet, qui est de fournir la subsistance au curé : la subsistance des curés de
campagne est assurée et payée très - cher,
par les dîmes ; il est injuste et vexatoire qu'un
cultivateur, qui paie la dîme de ses productions à son curé, pour le prix de ses fonctions, soit encore obligé de lui payer, par
détail, chacune de ces fonctions.

AUTRE FLÉAU.

EXACTIONS DES HUISSIERS - PRISEURS NOUVELLEMENT ÉTABLIS DANS LES CAMPAGNES.

DEPUIS que la monarchie française existe,
les inventaires et les ventes de meubles, dans
les villages, se faisoient par le premier sergent
ou huissier ; l'opération étoit prompte, et il
en coûtoit peu ; cette simplicité étoit la

moindre faveur que la loi pût accorder à la misere des gens de campagne.

Un ministre-fiscal avoit imaginé il y a cinquante ans de créer des charges en titres d'offices, pour faire, exclusivement, les fonctions d'*huissiers-priseurs-vendeurs* dans tout le royaume.

La réclamation fut si forte, si générale, que ces charges sont restées aux parties casuelles, et oubliées pendant long-tems ; mais un autre ministre plus fiscal encore que l'inventeur, et plus aux expédiens, les a fait lever pour en toucher la finance ; c'est une compagnie qui s'est couverte de la honte de cette iniquité, il y a six à sept ans : des commis, prête-noms, exercent ces odieuses charges ; ils sont distribués par ressort, leur siége est dans la principale ville du ressort, et leur arrondissement est au moins de sept à huit lieues autour de leur résidence.

Cet officier, seul, et exclusif pour une si grande étendue, ne peut remplir ses fonctions, qu'en faisant éprouver de grands retards, languir les affaires, et occasionner beaucoup de frais ; il faut faire des courses et les réiterer pour l'avertir, et pour obtenir son tour ; il faut nourrir l'homme et son cheval, lorsqu'il se rend sur les lieux ; il faut de nouveaux messages pour parvenir à la vente ; il en faut d'autres encore pour se procurer des expéditions ; et lorsqu'on en vient au mémoire de frais, cet huissier se taxe des vacations comme les huissiers-priseurs de Paris ; il y ajoute ses voyages, toujours de quinze à dix-huit livres, et il se trouve être l'héritier, et n'avoir travaillé que pour lui ; heureux, lorsque le prix des meubles, toujours médiocres dans les campagnes, remplit le montant du mémoire !

La Nation, animée du desir de rétablir l'ordre, pourroit - elle tolérer un si horrible abus ? Il doit suffire de le lui dénoncer.

AUTRE FLÉAU.

Vexations et Abus des Justices Seigneuriales.

On a déja vu, en traitant le fléau des chasses, que c'est par le moyen des justices, attachées aux fiefs, que les seigneurs se sont rendus despotes, et tiennent les habitans des campagnes dans les chaines de l'esclavage.

‹ D'un côté, ce sont des gardes qui trouvent dans le partage des chasses le prix de leurs prévarications ; qui sont armés, par la loi même, d'une autorité absolue sur les biens et la vie des hommes ; qui sont crus sur leurs signatures; qui, par un simple rapport, se font innocens du mal qu'ils font, et font coupables celui qu'ils veulent perdre.

D'un autre côté, c'est un juge, un procureur-fiscal, un greffier, un tabellion, pris dans la plus basse classe de la société, sans éducation, sans instruction, attendant leur pain de leurs offices, et dont les offices dépendent de la seule volonté du seigneur.

Avec de tels supôts, comment les seigneurs et leurs gardes ne seroient - ils pas despotes dans les champs? Et comment les cultivateurs pourroient-ils préserver leurs productions de leur tyrannie ?

Mais ce n'est-là qu'une partie des maux résultant des justices seigneuriales : les officiers sont *sans appointemens* ; le droit seul de ruiner le peuple par la chicane, est la récompense de leurs coupables services et toute la ressource de leur vie ; aussi un procès est interminable devant eux, il n'engendre que de

nouvelles

nouvelles difficultés, il ne fait qu'entretenir les divisions et rendre les haines éternelles.

Pour les villes où regne l'aisance, et pour les nobles et les ecclésiastiques, même dans les campagnes, il n'y a que *deux degrés* de juridiction.

Pour les cultivateurs et tous les habitans des campagnes, où regne la misere, il y en a *quatre.*

Il faut d'abord plaider dans la justice du seigneur : là, les plaideurs sont réduits à de prétendus *praticiens*, pour juges et pour défenseurs, qui sont les sergens et les huissiers des environs, qui se distribuent les rôles, qui sont alternativement juges et procureurs, qui souvent cumulent ces deux qualités dans la même affaire, et dont aucun n'a la moindre connoissance des loix et des formes; et là, après un tems considérable, employé en vaines chicanes, après avoir fait des frais immenses, et après avoir obtenu un jugement, il ne se trouve rien d'instruit, rien de jugé, et beaucoup de nouvelles difficultés jointes à la premiere cause de la contestation.

De la justice du seigneur, il faut aller à celle du seigneur supérieur, où l'affaire commence à prendre une affiette ; où les impérities du premier degré, les vices de la procédure, et ce qui fait l'objet du procès, sont traités par des praticiens un peu plus instruits ; mais où il se fait encore de plus grands frais que dans la premiere justice.

Pour troisieme degré, les malheureux habitans des campagnes sont obligés d'appeler au bailliage royal, qui est le premier degré pour les nobles, les ecclésiastiques et les bourgeois ; et là, l'affaire, avec tous ses accessoires, prend sa consistance complette ; mais à force de tems perdu, à force d'écritures, à force de frais qui complettent aussi la ruine du plaideur.

Enfin, s'il reste quelques ressources à celui qui a perdu au bailliage royal, il arrive au parlement, où l'affaire reste souvent ensevelie, faute de moyens pour la conduire à sa fin ; et où, s'il intervient un arrêt définitif, les deux plaideurs, celui qui gagne comme celui qui perd, sont absolument ruinés pour un seul procès.

Et c'est pour les gens de la campagne, pour la classe la plus nombreuse, la plus pauvre et la plus utile de l'Etat, que l'on voit un pareil abandon de nos loix dans l'administration de la justice ? Echappons aux réflexions qui se présentent, et occupons-nous des remedes : il en faut, ils sont de toute justice et de toute nécessité ; et ceux que nous allons soumettre à la Nation, sont simples.

Remedes contre l'abus des Justices Seigneuriales.

Les ordres distingués de l'Etat, les nobles et les ecclésiastiques, si dignes du nom de Français, s'honorent du titre de *Citoyens* : et à ce titre, ils veulent contribuer aux charges communes de l'Etat et en supporter leur part, en proportion de leurs possessions, comme tous les autres citoyens.

La Nation, animée de cet esprit de justice, pourroit-elle établir l'égalité entre tous les citoyens dans le partage de la charge commune, et laisser subsister une injuste inégalité dans le partage du bénéfice des loix pour les campagnes : les habitans des campagnes sont citoyens comme les habitans des villes ; ils ont le même droit dans la distribution de la justice, contribuant en même proportion dans la distribution des charges.

Il faut donc commencer par réduire les quatre degrés de juridiction que les habitans des campagnes ont à parcourir pour obtenir un jugement souverain, et les réduire à deux comme pour la noblesse, le clergé, la bourgeoisie, et tous les habitans des villes.

Dans la nécessité de conserver un premier degré de juridiction, ce ne peut pas être la justice seigneuriale qui sera préférée, quand même on en rendroit les offices inamovibles : outre les abus qu'en font les seigneurs, le ressort, borné à l'étendue du fief, les juges et les procureurs sans appointemens, sans travail suffisant pour s'occuper et vivre, et toujours en butte au seigneur, il seroit impossible d'y voir des hommes d'une autre espece que ceux qui en remplissent aujourd'hui les fonctions.

Vouloir tout réunir au bailliage royal, on rencontreroit d'autres inconvéniens : la multiplicité des affaires dans un même siége, occasionne nécessairement des retards; l'éloignement obligeant à des voyages et à des séjours, enleveroit les cultivateurs à leurs travaux, et les consommeroit en pertes dans leurs maisons, et en dépenses dans les auberges.

Le seul parti est donc 1°. de *former des*

bailliages, composés de quinze à vingt paroisses seulement, le tribunal au centre.

2°. De *donner à ce tribunal le droit d'appel*
direct à la cour souveraine, en civil comme
en criminel.

3°. De lui donner le droit de juger *sans
appel*, jusqu'à une certaine somme, toutes les
matieres de commerce, les salaires d'ouvriers
et les créances par simples billets ; laissant le
droit de l'appel en matiere de propriété d'immeubles, et sur toutes contestations résultant
des contrats de mariages, testamens et dona-
tions.

4°. Donner le pouvoir aux *officiers de la
municipalité* d'exercer la police et veiller à
l'observation des réglemens dans chaque village ; et en cas de contraventions, ordonner
qu'elles seront dénoncées au procureur du
Roi du bailliage par le procureur-syndic,
faisant fonctions de substitut, et poursuivies
à la requête dudit procureur du Roi.

5°. D'obliger le bailli, ou son lieutenant,
en son absence, à tenir des assises au moins
deux fois l'an, dans chaque village de son
ressort assisté de son greffier, pour y entendre les plaintes, les réclamations, et juger

toutes les demandes de peu d'importance ; *sommairement , sans ministere d'huissier* ni de procureur , et sans frais , sauf le coût du jugement, s'il est rédigé et de nature à être délivré , et sauf le renvoi au bailliage, si l'affaire exige une discution.

6°. De fixer des gages honnêtes aux juges, sous la condition de ne pouvoir se taxer et recevoir ni épices, ni vacations dans leurs jugemens.

7°. Charger chaque province du paiement de ces gages , c'est une dette publique : si le prince doit la justice , comme prince, les sujets doivent fournir aux dépenses comme sujets.

8°. Et enfin, de donner aux municipalités le droit de nommer les juges de ces petits bailliages, et ce, par délibération, à la pluralité des voix.

DERNIER FLÉAU.

Vexations exercées par les Mendians sur les Cultivateurs. Et Moyens d'y remédier dans tout le Royaume.

Ce dernier fléau est le résultat des autres : l'agriculture ruinée, et les cultivateurs hors d'état de fournir des travaux aux journaliers, la misere doit être nécessairement au dernier excès dans les campagnes, et de ce malheur doivent naître tous les autres ; la misere force à la mendicité, la mendicité conduit aux attroupemens, et les attroupemens aux actes de désespoir, qui enfantent tous les crimes.

Qu'on interroge MM. les curés de Paris, qui répandent leurs charités sur plus de cent mille pauvres, ils répondront qu'il y en a plus de la moitié qui viennent des campagnes, que tous les jours il en arrive de nouveaux ; et que c'est de la horde des pauvres des campagnes, que sortent tous les mendians qui nous affligent, et nous importunent dans les rues et dans les églises.

Mais ce sont-là les pauvres honnêtes, ceux qui, par des liaisons et des projets déja formés, ou par l'espérance que la liberté des champs et des bois leur fournit plus de facilité pour échapper à la vindicte publique, restent dans le pays, assiégent les cultivateurs : vingt, trente se succedent, chaque jour, et se font donner impérieusement ce qu'ils demandent : le soir ils se réunissent, par troupes, dans les fermes où ils forment leurs complots ; ils prennent des logemens pour la nuit, dans les écuries et les étables, sans que personne ose les repousser : ils demandent la soupe, le pain, et il faut leur obéir sans résister : ils tirent les vaches, et en boivent le lait aux yeux du maître : ils volent, ils emportent tout ce qu'ils trouvent sous leurs mains ; et le cultivateur, tremblant, les laisse maîtres dans sa basse-cour, et s'enferme dans sa maison, pleurant sur les fléaux qui ont fait tant de malheureux, en faisant sa propre ruine.

Faut-il rappeler à la Nation que les crimes sont devenus si fréquens dans les campagnes, et les coupables si nombreux, que le conseil, soit pour ne pas laisser voir aux villes le

spectacle de tant de victimes de la misere ;
soit pour accélérer et simplifier l'instruction,
s'est vu forcé de donner des commissions
souveraines à des présidiaux pour extirper ce
fléau ? Faut-il rappeler qu'*à Montargis* seul ,
dans le cours de deux années , il y a bien peu
de tems , on a vu plus de *trois cents* de ces
malheureux sacrifiés par les supplices.

Disons donc , avec toute la confiance et
le zele que donnent la vérité et l'amour du
bien public , que le fléau des mendians est
celui qui demande le plus prompt secours.

Ce n'est pas par la force ni par les châtimens
qu'il faut en arrêter les effets ; il seroit barbare de chercher à faire périr par l'autorité
des loix des citoyens qui ne sont devenus
criminels , que parce que les loix les ont
abandonnés.

C'est en faisant revivre l'agriculture , c'est
en remettant les cultivateurs en état, par une
aisance honnête , de reprendre les travaux
que leur propre intérêt commande, et que
la misere leur a fait abandonner ; en un mot,
c'est du pain qu'il faut , et non des fusils et
des potences ; ce n'est qu'en donnant du pain
aux pauvres, que l'on mettra fin à la men-

dicité, qui traîne après elle tous les crimes.

Cette vérité, qu'il faut pourvoir à donner du pain aux pauvres, si l'on veut éteindre la mendicité, est écrite dans le cœur de tous les Français; il n'est pas un citoyen qui ne dise hautement, que ne donnant point de pain à celui qui en manque, la guerre que l'on fait aux mendians, et les dépôts où on les enferme, sont une barbarie qui outrage la religion et l'humanité. Tous ceux qui ont écrit pour réclamer ou pour instruire, tous les cahiers de doléances des trois ordres de toutes les provinces de la France, et tous les pouvoirs donnés aux députés se réunissent sur ce grand objet. *Assurer du pain aux pauvres.*

Mais dans le grand nombre de moyens indiqués, nous n'en avons pas vu un seul qui s'accorde avec cette sagesse, qui doit caractériser la Nation assemblée, faisant des loix pour elle-même ; pas un qui ne blesse cette égalité de justice qu'elle a annoncé devoir être la base de tous ses réglemens.

Les uns demandent que chaque village soit chargé de ses pauvres, et qu'on renvoie chacun de ceux qui surchargent les villes dans le lieu de sa naissance.

Si l'on ce fût donné la peine de s'instruire et d'approfondir l'idée, on auroit su
que ce sont les plus mauvais terroirs qui
renferment le plus de pauvres, et que dans
les riches campagnes il y en a peu, même point
du tout : et alors on se seroit dit à soi-même ;
où seroit la justice ? où seroit l'égalité des
charges entre les citoyens, si un village, dans
la misere, étoit obligé de fournir aux besoins
de vingt ou trente pauvres, tandis que le
village voisin, riche, n'auroit rien à payer.

D'autres conseillent de vendre une partie
des biens ecclésiastiques pour faire des fonds
de charité, ils veulent même qu'on s'en serve
pour acquitter la dette nationale.

N'est-ce pas encore proposer à la Nation
un acte contraire à ses principes de justice
et d'égalité ? N'est-ce pas même lui proposer
de se mettre en contradiction aux yeux de
tout l'univers ?

Les immeubles dont les ecclésiastiques sont
propriétaires, reposent, comme les nôtres,
sur des titres ; leur possession remonte aux
tems les plus reculés, et tous les ecclésiastiques, qui en jouissent, sont citoyens : ils ont
même l'avantage de former le premier ordre

des citoyens, parce qu'ils portent un caractere que nous devons respecter par religion ; et cet ordre nous devient aujourd'hui d'autant plus digne de considération , qu'il reconnoît que son premier titre est d'être citoyen; qu'il abandonne ses anciens privileges pour ne former , avec tous les citoyens, qu'un seul et même corps ; et qu'il consent de supporter sa part de toutes les charges communes, en proportion de ses biens.

La Nation pourroit-elle concilier son principe d'égalité dans la repartition des charges, entre les citoyens, avec un système qui feroit payer à l'un des ordres la dette de tous ?

Concilieroit-elle plus facilement ce système de s'emparer d'une partie des propriétés d'un des ordres des citoyens pour payer la dette commune à tous, ou pour faire des établissemens, quelques bons qu'ils fussent, avec sa réclamation contre les attentats faits sur nos propriétés par le despotisme et la force, et avec sa résolution prise de faire des loix qui maintiennent chaque citoyen dans la liberté de sa personne et la propriété de ses biens.

Les vues de tous les écrivains et de tous les cahiers, qui présentent ce système, sont

droites ; l'intention en est bonne , elle n'a besoin que d'être dirigée.

Dans les maux extrêmes , on est privé du
calme d'esprit hors duquel il n'est point de
sagesse dans les réflexions : celui qui souffre ,
desire des remedes ; il saisit tous ceux qu'il
imagine , ou qu'on lui propose comme bons ,
il s'agite , il flotte , il s'égare ; et souvent il a
dans la main , sans le savoir , le remede qui
peut le guérir.

Rappelons notre raison , et prenons le
flambeau des loix , nous verrons le moyen
qui doit remplir tous nos vœux , qui fournira
des secours abondans pour détruire la mendicité , même pour acquitter d'autres charges;
et la Nation , qui ne peut faire que des loix
dignes du nom Français , y trouvera l'avantage
de faire le bien , en conservant l'uniformité
de sa marche avec ses principes , et rendant
une justice égale à tous les ordres et à chacun
des citoyens.

MOYENS pour détruire la Mendicité dans tout le Royaume, et procurer d'autres avantages publics.

IL y a une portion des revenus ecclésiastiques, spécialement destinée aux pauvres, qu'il faut distinguer de ceux dont les ecclésiastiques sont propriétaires ; une portion, qui n'est entre leurs mains, qu'à titre de dépôt, et que la Nation peut reprendre pour en remplir, par elle-même, la destination : se bornant-là, on trouvera les moyens que l'on cherche, et on respectera les loix de la propriété.

Les biens ecclésiastiques sont divisés, en France, par tiers ; un tiers *pour le titulaire*, un tiers *pour les religieux*, et l'autre tiers *pour les réparations et les pauvres.*

Le tiers, que nous indiquons pour détruire la mendicité, est ce dernier tiers, confié à l'administration des titulaires, et qui, possédé par eux confusément avec le tiers destiné à leurs besoins personnels, fait la moitié de ce dont jouissent les abbés et prieurs commandataires.

Il n'est point de notre sujet de remonter à

(111)

l'origine des biens ecclésiastiques et à l'établissement du partage ordonné par l'église, on peut s'en instruire en lisant l'admirable *dissertation* de M. de Héricourt *sur l'origine des bénéfices* en tête de sa seconde partie des *Loix Ecclésiastiques*, et le sublime *discours* de M. Massillon *sur l'usage des revenus ecclésiastiques.*

S'il n'existoit pas de partage fait des biens ecclésiastique , et si le partage en trois parts, dont l'une est pour l'entretien des bâtimens et le soulagement des pauvres , n'étoit pas la regle établie en France, nous invoquerions les *trois vérités* que M. de Massillon a établies sur l'usage que les ecclésiastiques doivent faire des revenus de leurs bénéfices. Voici ses expressions.

PREMIERE VÉRITÉ. « Les biens ecclé-
» siastiques *sont des dépôts* religieux *et des*
» *aumônes saintes*, nous n'en sommes que *les*
» *dépositaires* et *les dispensateurs* ».

SECONDE VÉRITÉ. « Si l'Eglise nous per-
» met d'user de ces biens, *c'est qu'elle nous*
» *suppose pauvres* ; c'est notre *indigence et*
» *notre travail* tout seul , qui nous autorisent
» *à nous en servir*, et nous n'y avons *de droit*

» *effectif* qu'autant que nous avons *des besoins*
» *véritables* ».

TROISIEME VÉRITÉ. « Ces biens sacrés
» ne nous étant donnés que *comme pauvres*,
» ils doivent toujours nous laisser un carac-
» tere de pauvreté, *en ne faisant que passer*
» *par nos mains* ».

De ces vérités, tirées des conditions mises
par les fideles à leurs sacrifices, et des expressions littérales des conciles, qui ont conservé
l'intention que les donateurs ont eue, en con-
sacrant leurs biens à Dieu entre les mains de
ses ministres, résulte évidemment que le
pourvu d'un bénéfice, n'a droit de prendre,
sur les revenus, que ce qui lui est nécessaire
pour ses besoins; que le surplus appartient
aux pauvres, et que si le bénéficier a d'ailleurs
de quoi vivre, il doit leur remettre le tout,
sans en rien distraire; c'est la conséquence
que le célebre Massillon en tire : il fait un
devoir aux ecclésiastiques, *sous peine de dam-*
nation de leur ame, de donner aux pauvres ce
qui leur reste des revenus de leurs bénéfices,
leurs besoins prélevés, et le total, s'ils ont
d'autres biens qui les mettent en état de s'en
passer.

Mais

Mais cette conséquence, que le clergé ne contestera pas, conduiroit à une inquisition scandaleuse, si on la portoit au-delà du tiers destiné aux réparations et aux pauvres, dont les ecclésiastiques ne sont bien véritablement que les dépositaires; ils auroient à répondre : Nous sommes propriétaires fondés en titres par le partage même de notre tiers ; si nous sommes obligés de faire part de nos revenus des biens de l'Eglise aux pauvres, sur ce tiers, on doit s'en rapporter à nous, on ne peut nous demander compte de la charité que nous exerçons; il seroit contre le bon ordre, et même contre la religion, de vouloir que nous rendions publics les malheurs et les humiliations de ceux qui reçoivent des secours de nos mains.

C'est cette défense insidieuse, que les possesseurs des bénéfices opposoient à l'Eglise dès le tems des premiers siecles, qui a obligé les conciles à faire un partage des revenus.

» Les distributions d'*un revenu considéra-*
» *ble, dit de Héricourt*, dans sa dissertation,
» page 207, fait faire de grandes fautes à
» ceux qui en sont chargés, quand des vues
» de religion ne les conduisent pas. La piété

» des évêques étant diminuée, *l'Eglise se vit*
» *obligée de partager ses revenus* en un certain
» nombre de portions, et *de destiner chaque*
» *portion aux œuvres de piété* dont elle *les*
» *avoit chargés* dans les tems qui avoient pré-
» cédé ce partage ».

» Le Pape SIMPLICIUS, continue de Héri-
» court, ayant appris que GAUDENCE, évê-
» que D'AUFINIO, *n'observoit point* les
» regles canoniques *dans le partage des reve-*
» *nus ecclésiastiques*, ordonna qu'on laisse-
» roit à Gaudence *un quart des revenus* de
» l'Eglise d'*Aufinio*, pour son entretien ; *un*
» *autre* pour distribuer aux clercs de son dio-
» cese, et *que les deux autres quarts seroient*
» *remis entre les mains du prêtre* ONAGER ;
» *l'un pour l'entretien des églises et des bâti-*
» *mens*, et l'autre *pour la subsistance des pau-*
» *vres* ».

Et M. de Massillon, dans son discours sur
l'usage des revenus ecclésiastiques, rapporte
les termes du concile d'Antioche qui ordonne (*) que l'évêque n'ait l'administration des

* *Episcopus habeat Ecclesiæ rerum potestatem, ut
eas in omnes egenos dispenset, cùm multâ cautione et
timore Dei : ipse autem earum sit particeps, si tamen
indiget, ad suas necessarias expensas...*

biens de l'Eglise , *que pour les distribuer aux
pauvres* avec fidélité et religion : *qu'il y participe* lui-même *s'il est vrai qu'il soit pauvre ;*
mais qu'il ne s'en serve précisément *que pour
fournir à ses dépenses nécessaires ;* ce qui se
rapporte spécialement à la portion destinée à
leurs propres besoins, et dont ils sont propriétaires.

D'après les conciles, le partage devroit être
par quart, dont un quart pour l'entretien des
bâtimens, et l'autre quart pour les pauvres ;
mais le crédit du clergé et les privileges de
l'église gallicane, ont réduit cette moitié en
un tiers.

Quoi qu'il en soit, le partage étant fait, et
la part des pauvres étant détachée de la part
des abbés, les ecclésiastiques n'ont ni défenses, ni raisons à opposer à la Nation, lorsqu'elle voudra retirer la part des pauvres
de leurs mains, pour l'administrer par elle-même : ils ont un titre de propriété pour le
tiers assigné à leurs propres besoins, on ne
peut leur demander compte de ce tiers au
tribunal des hommes, l'examen de l'usage
qu'ils en font est réservé à Dieu seul : mais
pour le tiers assigné à l'entretien des bâtimens

et aux pauvres, ils ne sont que des admi-
nistrateurs; c'est un dépôt que la Nation leur
a confié, et qu'elle peut reprendre à volonté;
en le reprenant, elle fera ce que le Pape
Simplicius a fait vis - à - vis de GAUDENCE,
Evêque d'*Aufinio*, en lui retirant les deux
quarts, et les faisant régir par *Onager*; elle fera
ce que l'Eglise a toujours fait, lorsque le plus
grand bien des pauvres l'a exigé; elle fera, en
un mot, ce que tout propriétaire a droit de
faire vis-à-vis d'un simple administrateur.

Ce tiers faisant moitié des revenus des biens
ecclésiastiques, dont jouissent les prieurs et
abbés commendataires à titre d'administration,
peut être versé dans les caisses municipales
de chaque province.

On peut charger les municipalités d'acquitter sur ces revenus, 1o. la portion contri-
butoire des charges de l'Etat.

2o. Les dépenses d'entretien et des réparations des bâtimens, dont l'Assemblée Provin-
ciale sera chargée à la place des Economats.

3o. On prendra sur le surplus ce qui sera
nécessaire pour aider la charité des curés de
Paris et pour le soulagement des pauvres de
toutes les paroisses des campagnes, d'après

les états qui en seront dressés par les curés
et les officiers municipaux de chaque paroisse.

4°. Et comme ce revenu immense excédera
certainement les sommes nécessaires pour les
pauvres, on pourra y trouver une ressource
pour augmenter le sort des curés *à portion
congrue*, que les riches ecclésiastiques, possesseurs de leurs dimes, ont fixés au-dessous
du nécessaire, et réduits à une véritable *indigence*.

Les avantages qui résulteroient de cette
partie de l'administration publique ne se bor-
neroient pas à détruire la mendicité et ses suites
affreuses, ils s'étendroient au bonheur même
des ecclésiastiques : ne jouissant plus que de ce
qui seroit à eux, et ayant remis ce qui a été fixé
par le partage pour les pauvres, ils ne seroient
plus exposés à la critique sur l'usage qu'ils font
de leurs revenus ; ils se trouveroient à l'abri
des cris de la misere, toujours tournés contre
eux, à cause du dépôt qu'ils ont entre les
mains, et ils reprendroient dans la société
tous les droits qui sont assignés à leur caractere et au premier ordre des citoyens.

Finissons ; on doit être las de parcourir les
fléaux des campagnes : il n'est point d'ame

sensible, qui, après la lecture des détails de tous les maux qui résultent de chaque fléau, ne se soit dit sur chacun : en voilà assez pour ruiner le cultivateur ; comment peut-il donc les supporter tous ? Comment est-il possible que la culture des terres subsiste encore en France ?

Aussi est-il vrai qu'aujourd'hui il y a une partie des terres incultes, faute de cultivateurs.

Aussi est-il vrai que la plûpart des fermes sont exploitées par les propriétaires, qui, sans connoissance de la culture, sont obligés de s'en rapporter à des régisseurs, et qui s'y ruinent.

Aussi est-il vrai que les campagnes n'offrent plus que le tableau de la plus affreuse misere, que des larmes, des gémissemens, ou les accens du desespoir.

Mais ne portons pas plus loin les réflexions. LOUIS XVI, Roi-Citoyen, le meilleur des Rois, veut rendre son peuple heureux ; il assemble ses sujets de tous les lieux et de tous les ordres, pour qu'ils lui indiquent les abus, et qu'ils fassent eux-mêmes les loix qui peuvent assurer leur bonheur : nous devons nous promettre que le premier soin de cette auguste

Assemblée sera de détruire les fléaux qui ruinent les campagnes : l'abandon et le mépris auxquels les cultivateurs ont été voués jusqu'à ce jour, effraient encore ; mais l'intérêt public, qui parle pour eux , doit rassurer : ce que l'on ne feroit pas pour les cultivateurs, on le fera pour le bien de l'Etat , dont la richesse principale est fondée sur le produit du sol ; on le fera pour le bien commun de tous les citoyens qui partagent les maux qui résultent de la ruine de l'agriculture.

Signé, D........, *ancien Avocat au Parlement.*

www.ingramcontent.com/pod-product-compliance
Lightning Source LLC
LaVergne TN
LVHW050841200726
843507LV00001B/365